彩图详解 »

变电站验收要点

CAITU XIANGJIE
BIANDIANZHAN YANSHOU YAODIAN

王铁柱　主编

内 容 提 要

本书充分结合现场实际，针对性强，案例丰富。所述内容均配有相应的现场照片，所举案例具有一定的典型性及普遍性。

全书共分 7 章，主要内容包括基本原则、一次设备的验收、二次设备及其回路的验收、土建工程的验收、接地装置的验收、消防验收和预防管理等。

本书可供从事电力建设工程管理、施工、安装、调试、质监专业人员使用，也可供电力企业运行、检修、继保专业人员，以及电力系统设计、规划、物流人员参考。

图书在版编目（CIP）数据

彩图详解变电站验收要点 / 王铁柱主编 . —北京 : 中国电力出版社 , 2019.4 (2023.11 重印)
ISBN 978-7-5198-2999-5

Ⅰ . ①彩… Ⅱ . ①王… Ⅲ . ①变电所—工程验收—图解 Ⅳ . ① TM63-64

中国版本图书馆 CIP 数据核字 (2019) 第 051923 号

出版发行：中国电力出版社
地　　址：北京市东城区北京站西街 19 号（邮政编码 100005）
网　　址：http://www.cepp.sgcc.com.cn
责任编辑：马淑范（010-63412397）
责任校对：王小鹏
装帧设计：左　铭
责任印制：杨晓东

印　　刷：三河市航远印刷有限公司
版　　次：2019 年 4 月第一版
印　　次：2023 年 11 月北京第三次印刷
开　　本：710 毫米 ×1000 毫米　16 开本
印　　张：13.75
字　　数：260 千字
印　　数：5001—6000 册
定　　价：98.00 元

本书编委会

主　编　王铁柱

副主编　施理成

参　编　陈锦鹏　高士森　袁晓杰　欧阳旭东

温爱辉　黄泽荣　蔡素雄　曾旭斌

陈浩瀚　陈晓鹏

前　言

变电站是电力系统极其重要的组成单元，变电设备的安全稳定运行，直接关乎整个电网的安全运行。变电设备一旦发生故障，不能及时消除或隔离，容易造成大面积停电，给社会带来严重的后果。因此，加强对变电设备的验收，对变电站包括土建、设备在内的施工质量实施重点管控，使得变电设备在“零缺陷”状态下启动，以求从源头上解决设备缺陷，提高变电设备入网的健康水平，是确保电网安全稳定运行的一项重要措施。本书编者从事变电站验收、运维工作多年，深知变电站验收的关键点和重点，特根据设备的验收标准、设计图纸及设备说明书的要求，并结合丰富的实践经验，编写了此书。

本书严格按照标准规范的要求，紧密结合现场实际情况，以现行的标准、规范、设计图纸及设备说明书等内容为依据，重点突出验收过程中发现的典型错误现象，主要以图片的形式来讲述现场问题，同时分析错误现象可能导致的后果，并提出整改措施。在编写的过程中，编者收集了近几年变电运行人员在现场验收过程中发现的典型问题图片，并查找相关规范标准作为依据，力求客观公正，减少争议。书中按验收基本原则、一次设备的验收、二次设备及其回路的验收、土建工程的验收、接地装置的验收、消防验收和预防管理这几方面讲解，读者在阅读本书时，可以根据所引用的依据和图片反映的典型错误现象，在实际验收工作中重点关注，提高设备验收水平。

本书由王铁柱主编，施理成副主编，陈锦鹏、高士森、袁晓杰、欧阳旭东、温爱辉、黄泽荣、蔡素雄、陈浩瀚等参编。在编写的过程中，得到了广东电网有限责任公司生产技术部的大力支持，同时广东电网有限责任公司惠州供电局众多领导和变电运行人员也给予了积极地协助，在此表示衷心的感谢。

由于时间仓促，水平有限，书中难免存有不足之处，恳请广大读者和同仁批评与指正，以使本书不断得到完善和补充。

编　者

2019年3月

目 录

第1章

基本原则

众所周知，变电站是电力系统中对电压和电流进行变换，接受电能及分配电能的场所，是电力运输的枢纽，起着分配和调节电能的作用。变电设备验收是电力系统安全生产的一项重要内容，保证设备验收工作质量，是确保设备运行可靠的前提。

1.1　验收目的

变电设备验收的目的，是尽最大努力将设备在安装过程中存在的所有缺陷问题暴露在启动前，争取做到设备“零缺陷”投运。做好设备验收环节工作，可以减少设备投运后出现发红、发热、漏气、漏油等故障，减少设备误发信号、紧急抢修等情况。

（a）隔离开关验收

（b）钢支柱垂直度验收

（c）验收完毕的GIS设备

（d）验收完毕的10kV开关柜

图1-1　变电设备验收

变电设备验收的另一个目的，就是将验收与培训相结合。还未投入使用的新建变电站都是不带电的，是最贴近工作现场、最贴近实战培训的难得平台。

员工在验收过程中学习标准、规范，既掌握了设备原理、设备操作及设备运维的注意事项，又培养了扎实的业务技术功底及处理和解决问题的能力。

（a）隔离开关验收

（b）主变压器验收

图1-2　隔离开关与主变压器验收场景

1.2　组织验收

1. 验收的组织机构

新站验收工作涉及土建、地网、消防、一次设备、二次设备等方面。验收工作历时长，任务重，要做到设备启动前的全面跟踪和监督，单靠一两名员工的力量远远不够，保证投入足够的人力资源是验收的关键。

因此，为保证新站验收工作能够顺利完成，需成立联合验收小组，如图1-3所示。

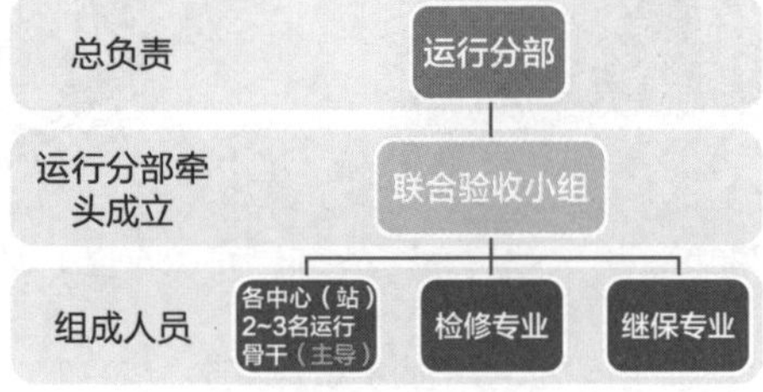

图1-3　验收组织机构

2、准备验收

变电站验收需要以标准、规范和设计图纸等作为依据，验收前需准备必需的反措文件、行业标准、国家标准、网省公司的规范等资料，如图1-4所示。

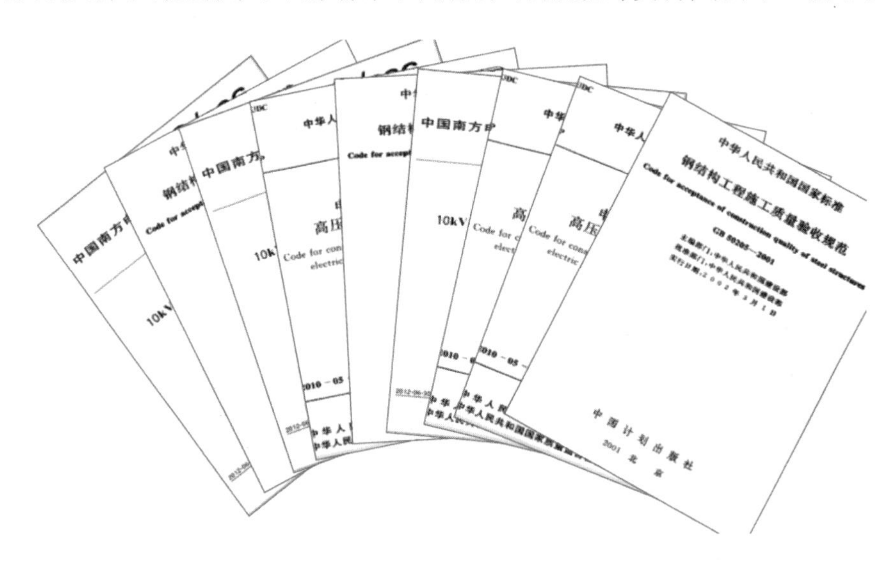
中华人民共和国国家标准
钢结构工程施工质量验收规范
Code for acceptance of construction quality of steel structures
中国计划出版社
2001 北京

图1-4　验收前标准准备

变电站设备种类广，数量大，厂家多，验收依据还应包括设计图纸（参见图1-5）、说明书等资料。

（a）图纸准备

（b）按图验收

图1-5　验收前图纸准备

验收需要以事实、数据作依据，验收前要准备好所需的仪器及工器具（如图1-6所示）。这些工器具由联合验收组申请购买。

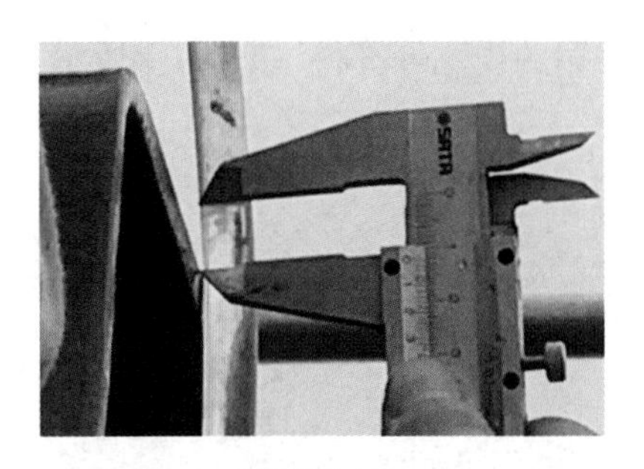

（a）游标卡尺

（b）塞尺

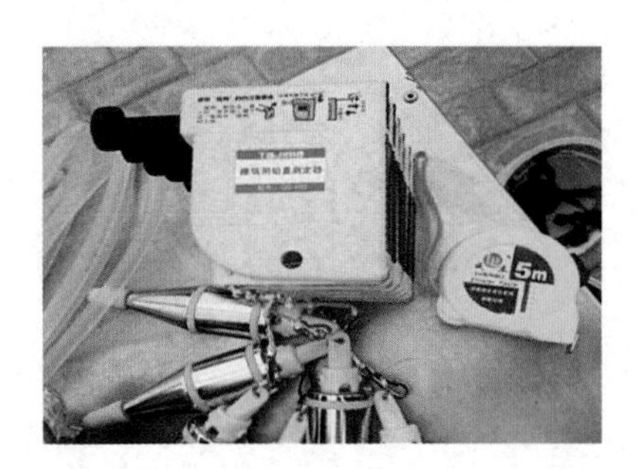

（c）吊锤

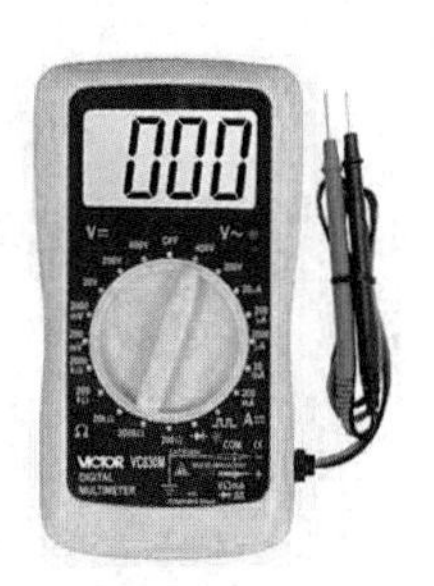

（d）万用表

图1-6　验收常用工具

1.3　现场验收的原则

（1）现场验收的原则。

1）依图依规，有理有据。

2）不亢不卑，坚持原则。

3）用心付出，保质保量。

（2）重点验收部位。对于一、二次电气设备需重点关注导流部分、绝缘部分和接地部分。对于土建工程、接地网、消防系统的验收，可采用材质核查、尺寸对比、现场核对、工艺检查等方式开展验收。

（a）10kV开关柜现场验收

（b）GIS设备安装前验收

图1-7　10kV开关柜与GIS设备验收场景

第 2 章

一次设备的验收

2.1　隔离开关

1.GW22B-126D型隔离开关静触头安装

◎标准及设计要求：GW22B-126D型隔离开关安装使用说明书要求，隔离开关分闸状态下，静触头上的钢丝绳在重力的作用下，应受力绷紧。

◎典型错误现象：某站110kV设备区所有GW22B-126D型隔离开关在分闸状态下，安装在该隔离开关静触头上的钢丝绳未绷紧，处于明显松弛状态，与说明书要求不符，静触头安装工艺不合格，如图2-1所示。

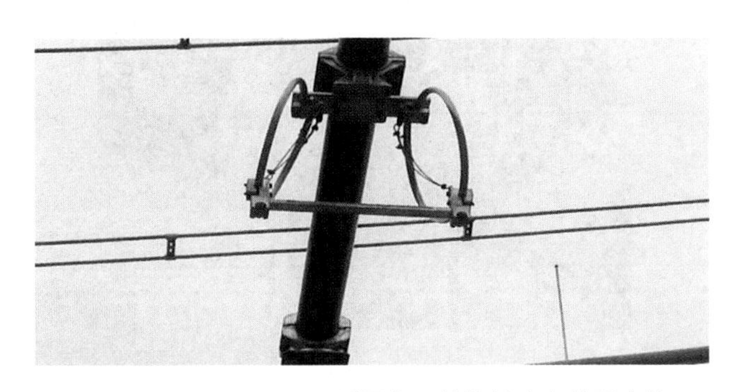

图2-1　GW22B-126D型隔离开关静触头安装不合格

◎危害分析：隔离开关在分闸状态下，钢丝绳绷紧，一方面可以保证静触头处于水平状态，另一方面可防止铝绞线变形。在分闸状态下，如果钢丝绳一直处于松弛状态，表明铝绞线过短，同时无法判断静触头是否处于水平状态，会造成隔离开关刀闸的夹紧力不能满足要求。

◎整改措施：按设备安装使用说明书要求重新调整安装隔离开关静触头及钢丝绳，使得在隔离开关处于分闸位置时，钢丝绳一直处于绷紧状态。

2.GW22B-252D型接地刀闸静触头安装

◎标准及设计要求：GW22B-252D型隔离开关安装使用说明书要求，

220kV GW22B-252D型接地刀闸（隔离开关自带的）在合闸状态下，接地刀闸静触头距动触头顶端距离为27 mm ± 10mm。

◎典型错误现象：现场验收时，测量发现某组220kV GW22B-252D型接地刀闸（隔离开关自带）静触头距动触头顶端距离为15.79mm，达不到厂家安装使用说明书要求，如图2-2所示。

图2-2　接地刀闸合闸时动触头顶端与静触头距离不足

◎危害分析：厂家标准要求的状态是接地刀闸动静触头夹紧力最佳的状态，如果数值偏小，不仅夹紧力不满足要求，同时易造成分闸卡滞，多次操作后易损坏接地刀闸的触头。

◎整改措施：按厂家安装说明书要求重新调整该接地刀闸，使得接地刀闸静触头距动触头顶端距离符合27 mm ± 10mm的标准要求。

3.S2DA2T-126/2500型隔离开关螺栓安装

◎标准及设计要求：S2DA2T-126/2500型隔离开关的安装和维护说明书要求，隔离开关导电臂需要用平垫、弹簧垫、螺栓紧固在旋转绝缘子的法兰上。

◎典型错误现象：现场发现部分S2DA2T-126/2500型隔离开关的螺栓只配置弹簧垫，未安装平垫，如图2-3所示。

（a）螺栓无平垫图示1

（b）螺栓无平垫图示2

图2-3　螺栓安装缺少平垫

◎危害分析：平垫是用来增大螺栓与连接件间的接触面积，同时保护连接件的表面不受螺母擦伤。在缺少平垫的情况下，进行螺栓的力矩校验，会破坏接触面，导致连接件易锈蚀。

◎整改措施：按照隔离开关安装说明书要求增加平垫，并更换已使用过的弹簧垫，重新安装螺栓。

4.GW4A-126DW型隔离开关机构箱固定钢板安装

◎标准及设计要求：设计图纸要求，GW4A-126DW型隔离开关机构箱固定钢板的尺寸（长×宽×厚）为：360 mm×180 mm×16mm。

◎典型错误现象：测量GW4A-126DW型隔离开关机构箱的固定钢板的尺寸，现场实际尺寸（长×宽×厚）为330mm×190mm×13mm，钢板尺寸与设计图纸不符，如图2-4所示。

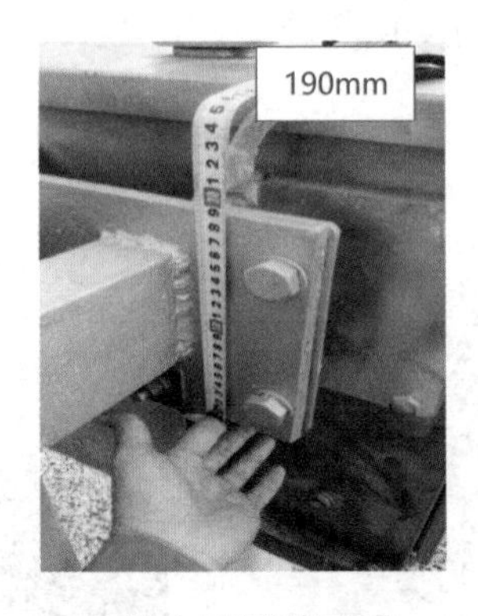

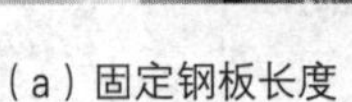
（a）固定钢板长度　　（b）固定钢板高度　　（c）固定钢板厚度

图2-4　GW4A-126DW型隔离开关机构箱固定钢板尺寸

◎危害分析：隔离开关机构箱固定在钢板上，如果钢板尺寸减小，不满足机构箱所需要的受力要求，在隔离开关电动机转动扭力的作用下，可能会使钢板产生形变。一旦钢板发生变形，会影响隔离开关分合闸效果，导致隔离开关分合闸不到位。

◎整改措施：联系设计单位及设备厂家，重新校核固定钢板，使之满足该型号隔离开关的要求。如不满足，则需重新按设计图纸及设备厂家的要求，更换钢板。

5.GW22B-126D型隔离开关基础支架安装

◎标准及设计要求：GW22B-126D型隔离开关说明书要求，基础支架与基座之间应有140mm±10mm距离。

◎典型错误现象：某站110kV所有间隔的GW22B-126D型隔离开关基础支架与基座的间距均超过150mm，最大的距离达到165mm，与说明书不符，如图2-5所示。

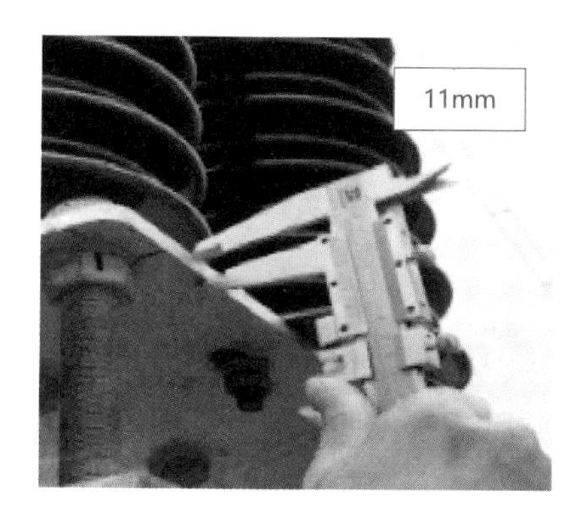

（a）基座钢板的厚度

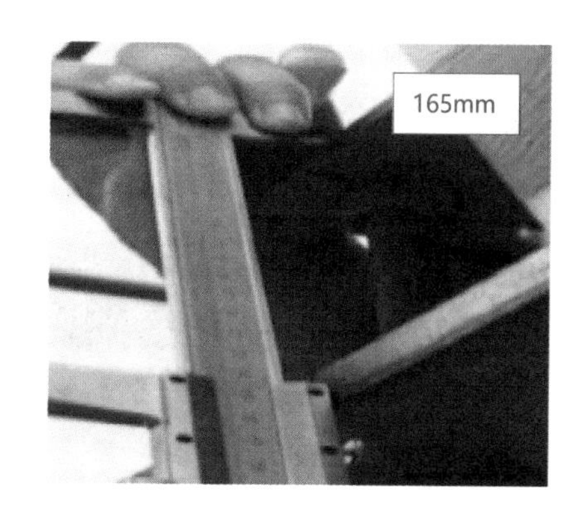

（b）基础支架与基座之间的距离

图2-5　隔离开关基础支架与基座之间的间距过大

◎危害分析：隔离开关基础支架与基座之间仅靠四根螺杆连接固定，隔离开关的所有重量均落在四根螺杆上，它们之间的距离过大，螺杆所承受的扰度会增加，在隔离开关分合闸时，在力的作用下，隔离开关会产生晃动，影响刀闸分合闸的效果。

◎整改措施：通过调节底座螺杆的螺母去调整隔离开关基础支架与基座的间距，以满足设备说明书要求。

6.GW4A-126D型隔离开关定位螺栓安装

◎标准及设计要求：GW4A-126D型隔离开关说明书要求，隔离开关在确认调整完毕后，将各级分合闸定位螺栓与挡块的间隙调整为1～3mm。

◎典型错误现象：现场验收发现，某组110kV的GW4A-126D型隔离开关在分闸时，定位螺栓紧压着水平传动杆，未留1～3mm的行程余量；合闸时，定位螺栓与水平传动杆距离约为6mm，超过了说明书规定的1～3mm的余量要求，如图2-6所示。

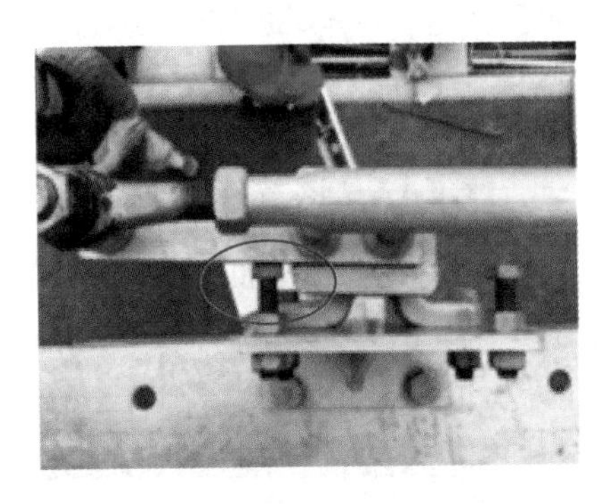

（a）定位螺栓与挡块距离过小

（b）定位螺栓与挡块距离过大

图2-6　隔离开关分合闸定位螺栓与挡块距离不符合要求

◎危害分析：隔离开关经过多次分合后，其各个连接部分的虚位会改变。定位螺栓与挡块间距过小，可能导致隔离开关分合闸不到位。定位螺栓与挡块间距过大，将失去防止隔离开关分合闸过位的功能。

◎整改措施：按隔离开关说明书要求，调整定位螺栓与挡块的间距在1～3mm的范围内。

7.SPV-252、SPV-126型隔离开关静触头绞合电缆安装

◎标准及设计要求：SPV-252/2500、SPV-126/2500型隔离开关说明书要求，隔离开关静触头的制作，应把切割成所需尺寸的绞合电缆插入刚安装好的卡箍内，绞合电缆需伸出卡箍约7cm。

◎典型错误现象：现场220kV母线侧SPV-252/2500型隔离开关静触头，测量绞合电缆伸出长度仅为3cm；110kV母线侧SPV-126/2500型隔离开关静触头，测量绞合电缆伸出长度仅为1.5cm，与说明书要求相差甚远，如图2-7所示。

（a）SPV-252/2500型绞合电缆安装不合格

（b）SPV-126/2500型绞合电缆安装不合格

图2-7　隔离开关静触头绞合电缆伸出长度不符合要求

◎危害分析：母线及绞合电缆受热胀冷缩影响，其离地尺寸会发生改变，动触头夹紧静触头的位置会发生位移，严重时，需调整绞合电缆的弯曲半径，以满足刀闸合闸的要求。如果绞合电缆伸出长度不够，则无法对该刀闸开展正常检修，只能重新更换新的绞合电缆，大大增加运维难度及运维成本。

◎整改措施：重新制作隔离开关静触头，按说明书要求确保绞合电缆伸出长度为7cm。

8.GW22B-252D型隔离开关铝绞线安装

◎标准及设计要求：GW22B-252D型隔离开关说明书要求，GW22B-252D型隔离开关（2500A—4000A）安装静触头时，铝绞线伸出50mm，以作日后调整静触头高度的余量之用。

◎典型错误现象：现场测量某站220kV所有间隔GW22B-252D型隔离开关静触头铝绞线伸出夹具距离只有25～30mm，达不到厂家安装使用说明书要求，如

图2-8所示。

图2-8　隔离开关静触头铝绞线伸出夹具长度不足

◎危害分析：日后调整静触头高度的余量不足，无法对该刀闸开展正常检修，只能重新更换新的铝绞线，大大增加运维难度及运维成本。

◎整改措施：重新制作隔离开关静触头，按说明书要求确保铝绞线伸出长度为50mm。

9.S3C2T-252/2500型隔离开关触头限位器安装

◎标准及设计要求：S3C2T-252/2500型隔离开关说明书要求，当主动相的动触头到达各自静触头终点限位器时，从动相的动触头离各自静触头终点限位器的距离不超过20mm。

◎典型错误现象：现场测量发现，某组S3C2T-252/2500型隔离开关合闸时，某相隔离开关动触头到达两侧静触头终点限位器位置不一致，分别约5mm及30mm，不满足说明书的要求，如图2-9所示。

（a）隔离开关一侧与限位器距离过小

（b）隔离开关一侧与限位器距离过大

图2-9　隔离开关动触头到达两侧静触头终点限位器位置不一致

◎危害分析：隔离开关动触头进入静触头深度不满足要求，将造成隔离开关动静触头间的接触面积减少，降低隔离开关的通流能力。

◎整改措施：保证限位器螺栓紧固的情况下，按说明书的要求，调整隔离开关静触头位置，确保隔离开关合闸到位时，动触头离各自静触头终点限位器距离不超过20mm。

10.SPV-252/2500型隔离开关同节安装

◎标准及设计要求：SPV-252/2500型隔离开关说明书要求，下从动底盘上的系列号与下主动底盘上的系列号相同（同一组隔离开关各相的系列号应一致）。

◎典型错误现象：检查某站内220kV SPV-252/2500型隔离开关系列号，发现部分隔离开关（同一组隔离开关中）各相系列号不一致，例如某组隔离开关的系列号：B相（P3345005）与A、C相（均为P3345006）系列号不一致，现场情况如图2-10所示。

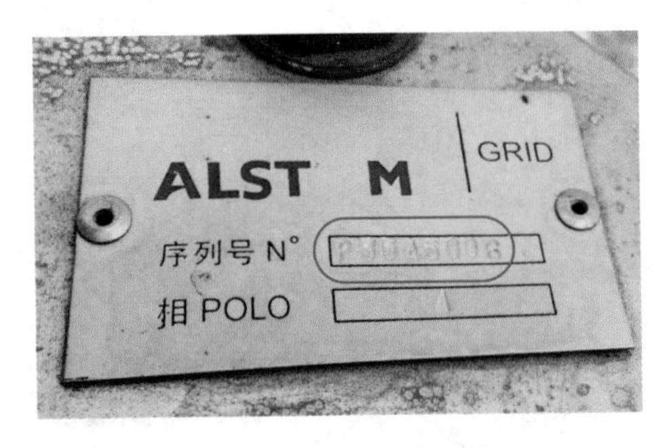

（a）A、C相底座序列号

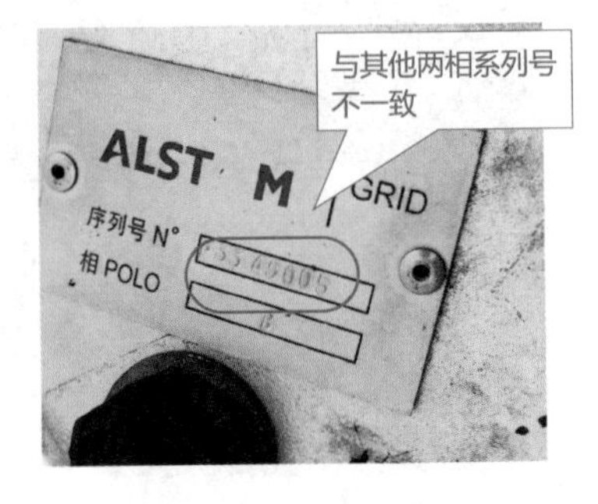

（b）B相底座序列号

图2-10　隔离开关各相底座序列号不一致

◎危害分析：对于有特定安装要求的隔离开关，同一组隔离开关，厂家出厂前已充分调试好其尺寸、夹紧力等各项参数至最优，如果混乱安装，则影响隔离开关的各相性能，降低其载荷能力。

◎整改措施：联系设计单位、施工单位、设备厂家及监理单位现场校核是否满足要求，如不满足，则将相同序列号的各相隔离开关重新组合，严格执行安装说明书要求，对隔离开关进行重新组装。

11.GW4A-126DW型隔离开关转轴地线安装

◎标准及设计要求：GB 50147-2010《电气装置安装工程　高压电器施工及验收规范》要求，隔离开关的垂直连杆应可靠接地，所有隔离开关（及接地刀闸）垂直转动轴上应安装接地软导线，与主地网可靠连接。

◎典型错误现象：某站110kV间隔所有的GW4A-126DW型隔离开关（及接地刀闸）垂直转轴杆未配置安装接地软导线，如图2-11所示。

（a）正确图示：垂直连杆已装接地线　　（b）典型错误：垂直连杆未可靠接地

图2-11　隔离开关垂直连杆接地

◎危害分析：隔离开关处于高压电场中，其转轴、连杆等传动部位会产生感应电压，如转轴接地不良，可能造成人员触电伤害，危及人身安全。

◎整改措施：联系厂家准备所需的接地线，按照隔离开关安装说明书要求进行整改。

12.S2DA2T-126/2500隔离开关电力复合脂涂抹

◎标准及设计要求：S2DA2T-126/2500隔离开关说明书要求，隔离开关雄触头、雌触头应涂抹电力复合脂（导电脂）充分润滑，以确保雌雄触头接触良好。

◎典型错误现象：现场验收发现，大部分S2DA2T-126/2500型的隔离开关雄、雌触头干涩，未按说明书要求涂抹电力复合脂，如图2-12所示。

（a）雌雄触头电力复合脂缺失图示1

（b）雌雄触头电力复合脂缺失图示2

图2-12　S2DA2T-126/2500隔离开关雄雌触头电力复合脂缺失

◎危害分析：电力复合脂（导电脂）是一种电接触性能良好的中性导电敷料，可使各触头之间的接触电阻明显下降，同时使各触头充分润滑，保护触头不易氧化。电力复合脂（导电脂）缺失，在隔离开关分合闸时，触头间会产生磨损，接触电阻增大，隔离开关通流后容易造成刀口发热。

◎整改措施：使用无水酒精将雄、雌触头清洗干净后，优先使用设备厂家原配的电力复合脂涂抹，涂抹厚度建议为0.2mm左右。

13.S2DA2T-126/2500型隔离开关雌雄触头间距过大

◎标准及设计要求：S2DA2T-126/2500型隔离开关说明书要求，隔离开关的雄触头应正确插入雌触头，距离应保持88mm（公差+10/-20mm）。

◎典型错误现象：S2DA2T-126/2500型隔离开关安装后，经现场验收发现，C相雄触头与雌触头保持距离为100mm，B相雄触头与雌触头保持的距离为99mm，超出了允许偏差的上限值。隔离开关雄雌触头保持距离超出了设备说明书规定的允许值。如图2-13所示。

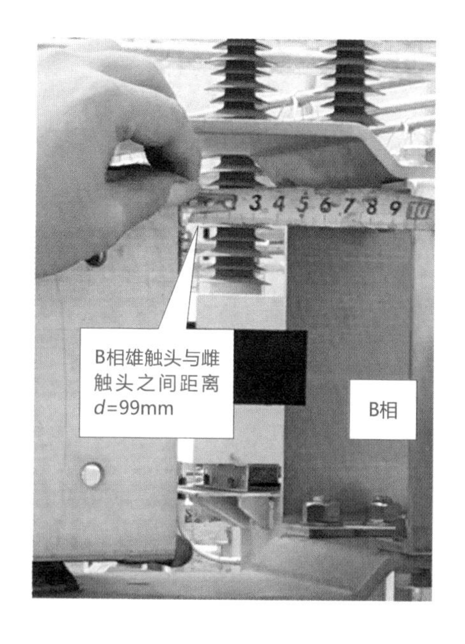

（a）B相隔离开关触头间距离

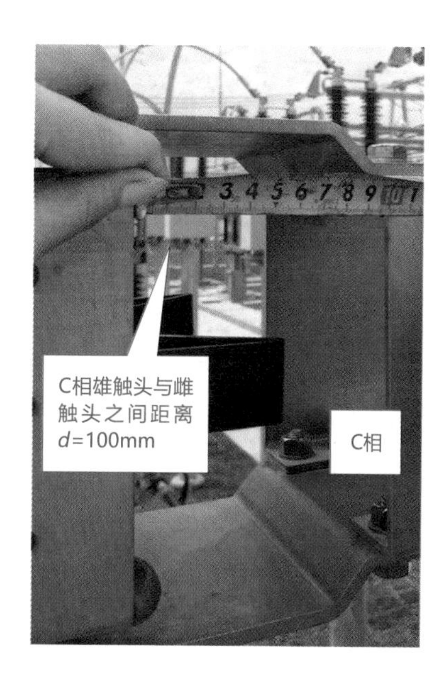

（b）C相隔离开关触头间距离

图2-13　隔离开关雄雌触头间距过大

◎危害分析：隔离开关雌雄触头的间距超过设备说明书的标准要求，其夹紧力将减少，导致隔离开关的接触电阻增大，负荷增加时会发热。

◎整改措施：重新调整隔离开关，以满足隔离开关安装说明书的要求。

14.S2DA2T-126/2500型隔离开关半刀臂对中

◎标准及设计要求：S2DA2T-126/2500型隔离开关说明书要求，隔离开关雄触头与雌触头不允许“半刀臂对中”。

◎典型错误现象：现场测量S2DA2T-126/2500型的A相隔离开关口上端距离为98mm，下端隔离开关口距离为95mm，上下端相差3mm，该相隔离开关处于“半刀臂对中”状态，如图2-14所示。

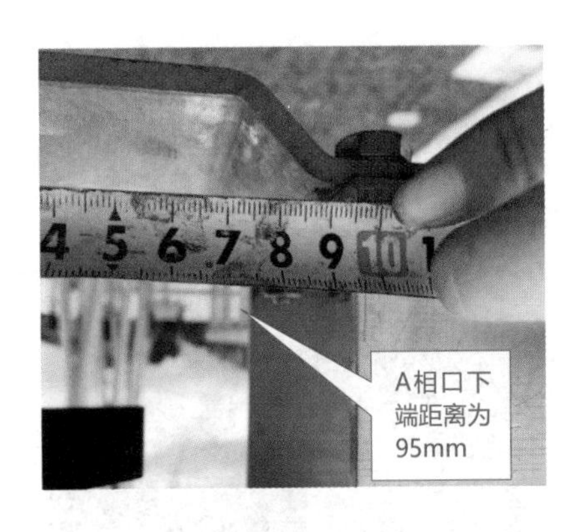

(a) A相下刀口间距

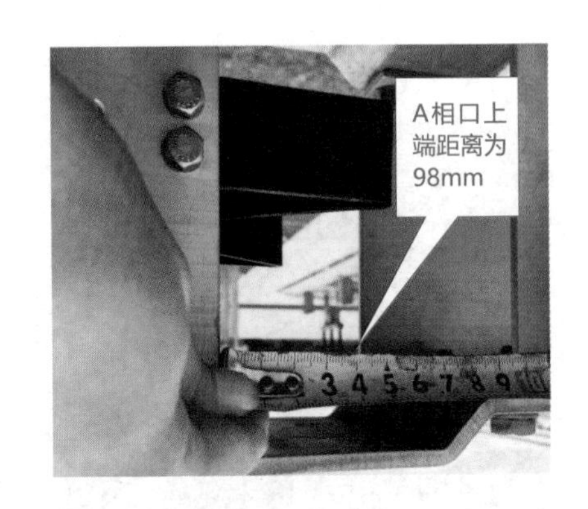

(b) A相上刀口间距

图2-14　隔离开关“半刀臂对中”

◎危害分析：隔离开关出现“半刀臂对中”，说明该隔离开关雌雄触头的接触面积比正常合闸时减少，处于合闸不到位的状态，电流通过时容易造成隔离开关触头发生发热或烧蚀现象。

◎整改措施：重新调整隔离开关，确保隔离开关不出现“半刀臂对中”的情况，以保证隔离开关合闸到位。

15.GW7B-252D型隔离开关动静触头插入深度不足

◎标准及设计要求：GB 50147-2010《电气装置安装工程　高压电器施工及验收规范》要求，触头间导体插入深度应符合产品技术文件要求。

◎典型错误现象：现场验收发现，新安装的220kV 某组GW7B-252D型隔离开关动触头插入深度不足，动触头离静触头止挡块约有30mm以上距离，动触头未锁紧，如图2-15所示。

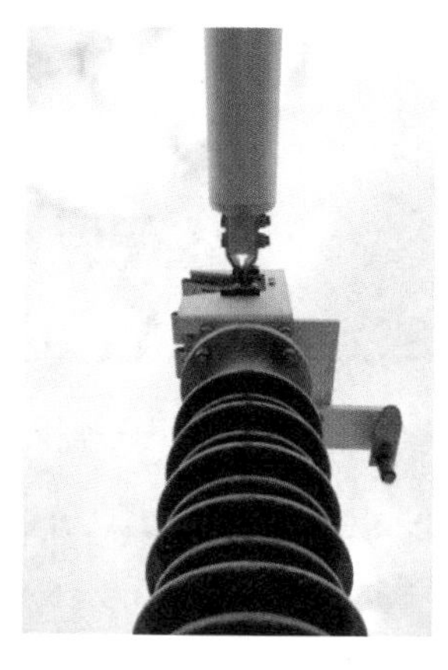
（a）隔离开关触头接触位置

（b）隔离开关触头接触位置细节

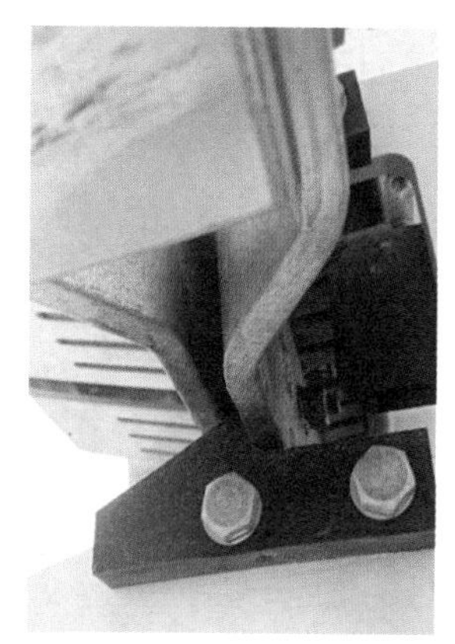
（c）插入深度不满足要求

图2-15　GW7B-252D型隔离开关动触头插入深度不足

◎危害分析：隔离开关动触头插入深度不足，合闸不到位，动触头与静触头接触面积会减少，大大降低隔离开关的通流能力。

◎整改措施：重新调整隔离开关，使隔离开关触头间导体插入深度满足设备说明书的要求。

16.S3C2T-252/2500型隔离开关三相不同期

◎标准及设计要求：GB 50147-2010《电气装置安装工程　高压电器施工及验收规范》要求，三相联动的隔离开关，触头接触时，不同期数值应符合产品技术文件要求，当无规定时，最大值不得超过20mm。

◎典型错误现象：S3C2T-252/2500型隔离开关合闸时，ABC三相不同期，B相比AC相位置慢，同期值已超出20mm的标准，如图2-16所示。

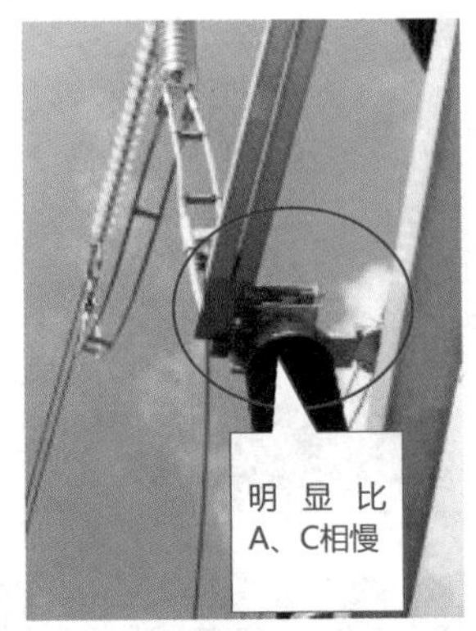

（a）A相隔离开关合闸情况　（b）B相隔离开关合闸情况　（c）C相隔离开关合闸情况

图2-16　S3C2T-252/2500隔离开关三相不同期

◎危害分析：隔离开关三相不同期，在合闸时，隔离开关会出现某相动静触头已合闸到位，另一相动静触头合闸未到位的情况；在分闸时，隔离开关会出现某相已分闸到位，另一相分闸未到位的情况，严重影响刀闸的分合闸性能。

◎整改措施：按标准要求调整好隔离开关的同期值，使其在允许偏差的范围内。

17.GW4-12W型接地刀闸三相合闸不到位

◎标准及设计要求：GB 50147-2010《电气装置安装工程　高压电器施工及验收规范》要求，隔离开关合闸状态时触头间的相对位置应符合产品技术文件要求，确保刀闸按要求合闸到位。

◎典型错误现象：10kV电容器组GW4-12W型接地刀闸合闸时，其B、C、N相动触头与静触头只接触到触头总面积的1/3～1/2，该接地刀闸合闸严重不到位，如图2-17所示。

（a）电容器组接地刀闸

（b）N相接地刀闸合闸情况

（c）B相接地刀闸合闸情况

（d）C相接地刀闸合闸情况

图2–17　GW4–12W型接地刀闸合闸不到位

◎危害分析：接地刀闸合闸不到位，动静触头接触面积减少，降低接地刀闸的接地性能，使检修设备得不到可靠接地。

◎整改措施：重新调整接地刀闸，使得合闸时动静触头接触完好，合闸到位。

18.GW22B–252D型隔离开关静触头移量ΔH不足

◎标准及设计要求：GW22B–252D型隔离开关说明书要求，GW22B–252D型隔离开关静触头安装在硬母线上时，静触头的分合闸位移量ΔH取30mm。

◎典型错误现象：经现场测量，GW22B–252D型隔离开关静触头分合闸的位移量ΔH为20mm，达不到厂家安装使用说明书要求，如图2-18所示。

（a）隔离开关分闸时静触头与母线距离

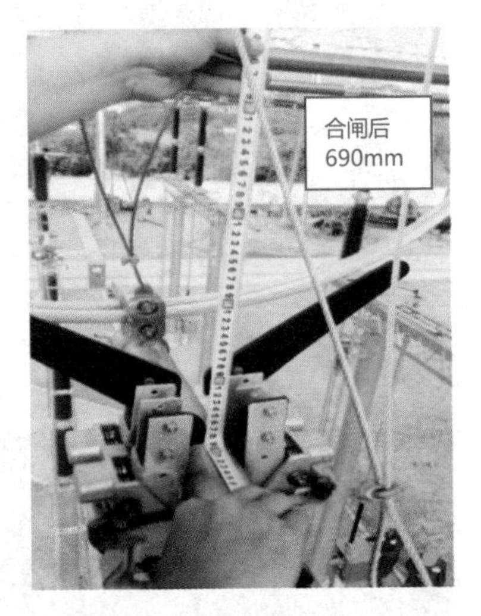

（b）隔离开关合闸时静触头与母线距离

图2-18　隔离开关静触头分合闸位移量不满足要求

◎危害分析：厂家标准规定的状态为隔离开关夹紧力最佳的状态，如果数值偏小，对隔离开关夹紧力及回路电阻均有影响。

◎整改措施：按说明书要求调整隔离开关静触头位置，确保静触头分合闸位移量ΔH为30mm。

2.2　10kV开关柜

1.GN30-12DQ型开关柜隔离开关动静触头未对准

◎标准及设计要求：GB 50147-2010《电气装置安装工程　高压电器施工及验收规范》要求，隔离开关触头相互对准、接触良好。

◎典型错误现象：10kV开关柜部分GN30-12DQ型隔离开关动、静触头安装倾斜，未对正，同一静触头的两面夹紧痕迹不一，如图2-19所示。

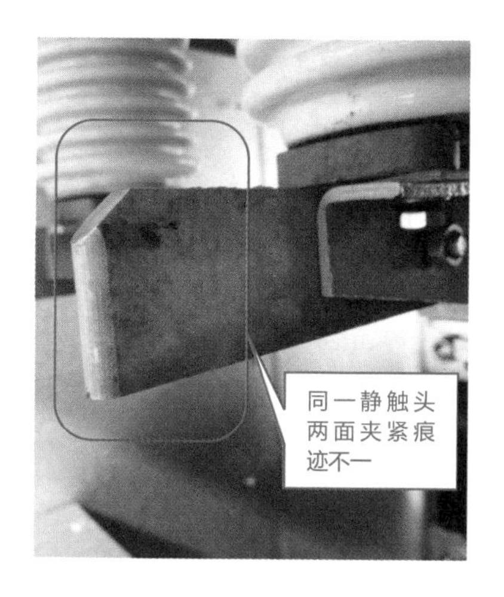

（a）隔离开关静触头两面夹紧痕迹不一致

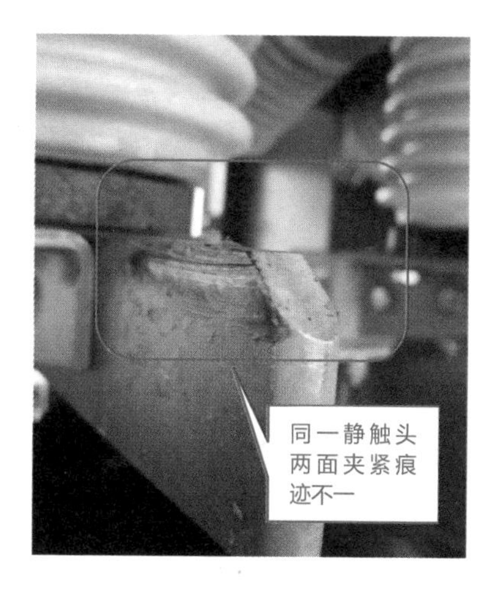

（b）隔离开关静触头两面夹紧痕迹不一致（另一侧）

图2-19　隔离开关动、静触头安装倾斜

◎危害分析：隔离开关触头未相互对准，合闸时接触不良，触头的夹紧力减少，降低了隔离开关的通流能力。

◎整改措施：按标准要求调整隔离开关，确保隔离开关触头相互对准、接触良好。

2.JN15-12型接地刀闸隔离开关静触头三相高度不一致

◎标准及设计要求：GB 50147-2010《电气装置安装工程　高压电器施工及验收规范》要求，隔离开关触头相互对准、接触良好。

◎典型错误现象：某10kV开关柜母线侧JN15-12型B0接地刀闸静触头三相高度不一致，A相高度低于其他两相约6mm，如图2-20所示。

（a）接地刀闸三相静触头高度情况

（b）接地刀闸A相静触头比其他两相低

图2-20　隔离开关静触头高度不一致

◎危害分析：静触头三相高度不一致，影响三相接地刀闸合闸同期及合闸到位，易造成检修设备接地不良好。

◎整改措施：按标准要求，重新调整接地刀闸静触头位置，同时要求施工单位联系厂家对其他开关柜进行全面排查，并按标准要求一并整改。

3.XGN2-12型开关柜柜体紧固件松动

◎标准及设计要求：GB 50147-2010《电气装置安装工程　高压电器施工及验收规范》要求，高压开关柜内螺栓应紧固，并应具有防松措施。

◎典型错误现象：XGN2-12型的10kV开关柜内发现部分厂家原配螺栓未安装螺母，该螺栓未紧固，如图2-21所示。

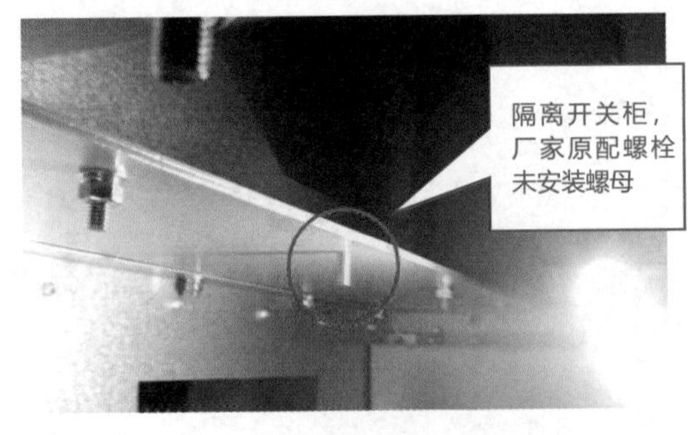

图2-21　厂家原配螺栓未安装螺母

◎危害分析：柜体螺栓未安装螺母，轻则造成柜体相关封板松动，重则可能导致封板掉落，造成事故。

◎整改措施：按标准要求安装螺母并紧固，并对其他开关柜所有螺栓开展全面排查，并按标准要求整改。

4.GN30–12DQ型隔离开关连杆调节行程螺母松动

◎标准及设计要求：GB 50147–2010《电气装置安装工程　高压电器施工及验收规范》要求，隔离开关操动机构的零部件应齐全，所有固定连接部件应紧固。

◎典型错误现象：10kV开关柜部分GN30–12DQ型隔离开关连杆调节行程的螺母松动，未上紧，如图2–22所示。

（a）隔离开关连杆螺母未紧固

（b）隔离开关连杆螺母未紧固

图2–22　隔离开关连杆调节行程的螺母未紧固

◎危害分析：连杆锁紧螺母未紧固，在隔离开关多次分合后，连杆的行程会发生变化，影响隔离开关分合闸效果，导致隔离开关分合闸不到位。

◎整改措施：联系设备厂家，对站内所有开关柜隔离开关连杆开展专项排查，按标准要求紧固好连杆螺母。

5.GN30-12（D）型隔离开关转动杆限位螺栓松动

◎标准及设计要求：GN30-12（D）户内高压旋转式隔离开关安装使用说明书要求，所有紧固件需牢固，不允许螺钉有松动现象。

◎典型错误现象：10kV开关柜内GN30-12（D）型隔离开关的转动杆限位螺栓安装不规范：

（1）缺少锁紧螺母。

（2）锁紧螺母松动，导致限位螺栓松动，未紧固，如图2-23所示。

（a）螺栓缺少锁紧螺母

（b）锁紧螺母松动

（c）用平垫代替锁紧螺母

图2-23　螺栓各种缺陷

◎危害分析：限位螺栓是在隔离开关分闸或合闸到位后，起到限位作用，防止隔离开关分闸或合闸过位。限位螺栓的锁紧螺母松动或缺失，限位螺栓处于未紧固状态，在隔离开关多次分合后，限位螺栓会松脱或行程改变，隔离开关分合闸限位将失效，分合闸时会过位。

◎整改措施：确保该隔离开关调试合格后，按要求增加限位螺栓的锁紧螺母并按标准要求紧固。

6.JN15-12型接地刀闸弹簧垫片锈蚀

◎标准及设计要求：GB 50147-2010《电气装置安装工程　高压电器施工及验收规范》要求，镀锌设备应镀锌层完好、无锈蚀、无脱落、色泽一致。

◎典型错误现象：10kV开关柜内JN15-12型的接地刀闸动触头紧固螺栓处弹簧垫片锈蚀，如图2-24所示。

图2-24　接地刀闸处弹簧垫片锈蚀

◎危害分析：弹簧垫片锈蚀，使螺栓的紧固力减小，可能造成接地刀闸动触头松动，影响接地刀闸的分合闸性能。

◎整改措施：按标准要求更换锈蚀的弹簧垫片，安装前需检查确保弹簧垫片的镀锌层完好。

7.JS型开关柜防误闭锁装置功能失效

◎标准及设计要求：GB 50147-2010《电气装置安装工程　高压电器施工及验收规范》要求，开关柜的机械闭锁应动作准确、可靠和灵活，具备防止电气误操作的“五防”功能，以防止恶性误操作的发生。

◎典型错误现象：JS型开关柜防误闭锁装置的刀闸闭锁小手柄转换至“操作”位置时，断路器仍可以进行合闸操作，该开关柜的防误闭锁功能已失效，如图2-25所示。

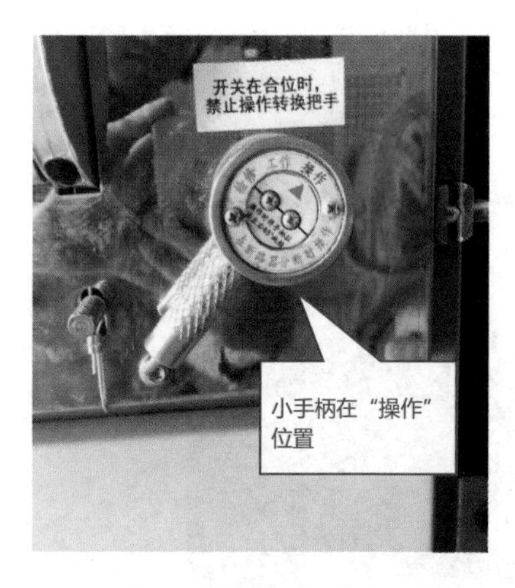

（a）隔离开关转换把手在“操作”位置

（b）断路器可以执行合闸操作

图2-25　10kV开关柜机械闭锁失效

◎危害分析：10kV开关柜的隔离开关操作前，刀闸闭锁小手柄需切换至“操作”位置，在正常情况下，该开关柜的断路器应一直处于分闸位置，且无法合上。此时，断路器如可以成功合闸，防误装置失去了操作隔离开关时断路器必须在分闸位置的防误功能，可能会造成带负荷拉隔离开关的恶性误操作。

◎整改措施：联系设备厂家，调校机械闭锁机构，确保刀闸闭锁小手柄切换至“操作”位置时，该开关柜的断路器一直处于分闸位置，且无法合上，以实现闭锁功能。

8.GN30-12DQ型隔离开关动触头绝缘子脏污、破损

◎标准及设计要求：GB 50147-2010《电气装置安装工程　高压电器施工及

验收规范》要求，绝缘子表面应清洁，无裂纹、破损、焊接残留斑点等缺陷。

◎典型错误现象：10kV高压开关柜母线侧GN30–12DQ型隔离开关动触头绝缘子破损、表面有残留漆渍，如图2–26所示。

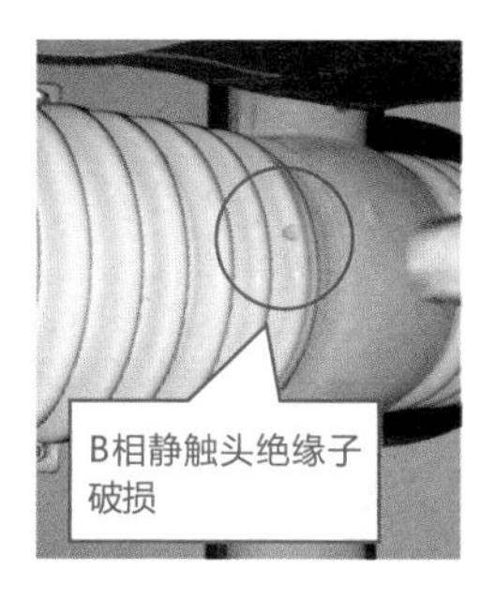

（a）绝缘子破损痕迹（1）

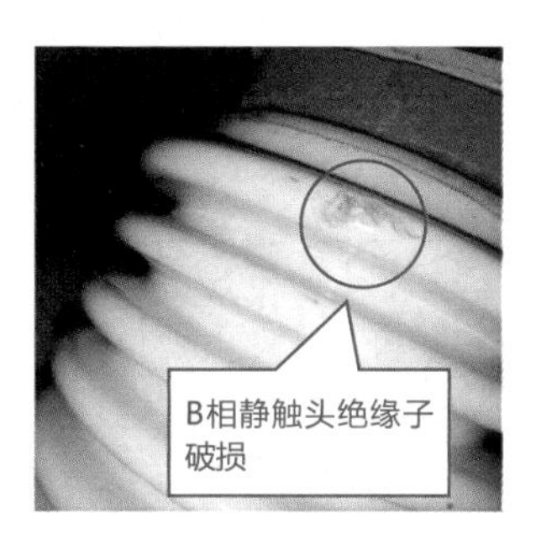

（b）绝缘子破损痕迹（2）

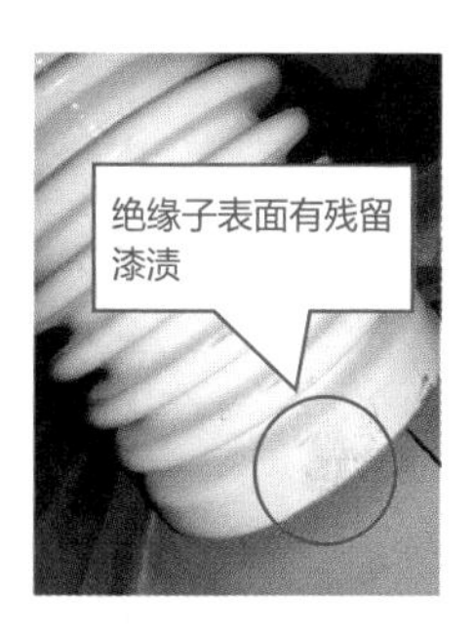

（c）绝缘子表面有漆迹

图2–26　设备绝缘子存在各种缺陷

◎危害分析：绝缘子如果破损，其内部可能已经出现隐裂，而内部的隐裂肉眼无法判断，一旦绝缘子内部贯穿性隐裂，当设备上电时，将造成带电设备接地，引发设备跳闸事故。绝缘子表面有残留漆渍，设备上电后，可能引起爬电，造成闪络。

◎整改措施：对于破损的绝缘子，联系设备厂家更换处理。对表面残留污渍绝缘子，使用无水酒精清除，确保表面清洁无污迹。

9.ZN55（VS1）–12型断路器操动机构转动部位涂抹黄油不足

◎标准及设计要求：GB 50147–2010《电气装置安装工程　高压电器施工及验收规范》要求，断路器的操动机构的各转动部位应涂以适合当地气候条件的润滑脂。

◎典型错误现象：10kV开关柜ZN55（VS1）–12型断路器机构箱内的传动齿轮干涩，未按规范要求充分涂抹润滑脂，如图2–27所示。

图2-27　断路器操动机构涂抹润滑脂不足

◎危害分析：断路器机构箱内的齿轮润滑脂涂抹不足，容易造成断路器的操动机构卡涩，动作不畅，严重时可能会导致储能电动机损坏。

◎整改措施：联系开关柜厂家准备好润滑脂，按照国标要求进行整改，在所有断路器机构箱内传动齿轮处涂抹润滑脂，确保传动齿轮足够润滑。

10.GN30-12Q型隔离开关操动机构转动部分涂抹润滑脂不足

◎标准及设计要求：GB 50147-2010《电气装置安装工程　高压电器施工及验收规范》要求，隔离开关操动机构的零部件应齐全，所有固定连接部件应紧固，各转动部分应涂以适合当地气候条件的润滑脂。

◎典型错误现象：某站所有10kV开关柜GN30-12Q型隔离开关各传动部位均未按规范要求涂抹润滑脂，操作时卡涩严重，如图2-28所示。

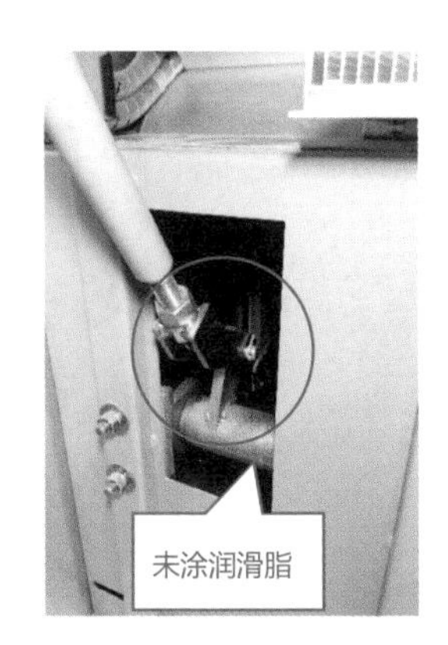

图2–28　隔离开关传动杆未涂润滑脂

◎危害分析：隔离开关的传动部位润滑脂缺失，操作隔离开关时会出现卡阻、不畅等现象，会影响隔离开关的正常操作，严重时可能导致隔离开关分合闸不到位。

◎整改措施：联系开关柜厂家准备好润滑脂，按照国标要求进行整改，在所有隔离开关的传动、转动部位涂抹润滑脂，确保润滑良好。

2.3　支柱绝缘子

1.主变压器变低母线桥缺少绝缘子

◎标准及设计要求：按设计图纸要求，主变压器变低母线桥内拐角处每相应安装绝缘子固定矩形母线。

◎典型错误现象：主变压器变低母线桥内拐角处缺少一只绝缘子，该处的C相矩形母线（铜排）无绝缘子支撑，如图2–29所示。

图2-29　主变压器变低母线桥缺少支撑绝缘子

◎危害分析：转弯处矩形母线缺少绝缘子支撑，母线的结构稳定性下降，台风天气时，母线容易出现晃动，危及设备安全运行。

◎整改措施：按图纸要求在母线转弯处增加安装绝缘子。

2.GW7B-252D型隔离开关的支柱绝缘子沾污

◎标准及设计要求：GB 50147-2010《电气装置安装工程　高压电器施工及验收规范》要求，绝缘子表面应清洁，无裂纹、破损、焊接残留斑点等缺陷。

◎典型错误现象：站内部分GW7B-252D型隔离开关的支柱绝缘子表面沾污，如图2-30所示。

（a）绝缘子沾污图1

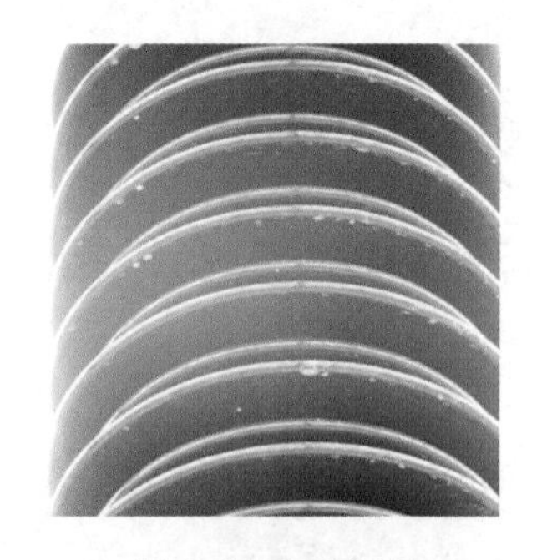

（b）绝缘子沾污图2

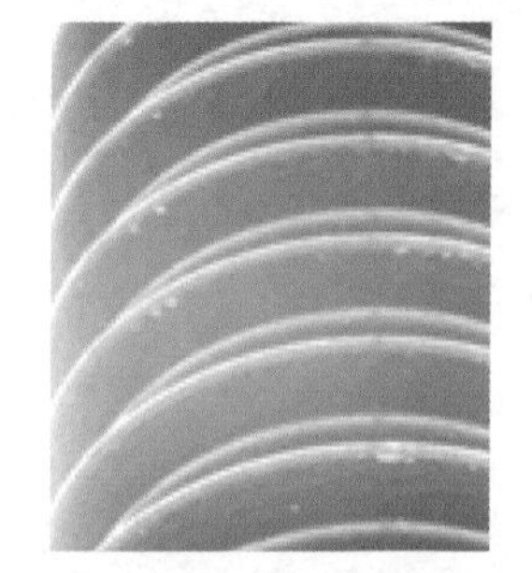

（c）绝缘子沾污图3

图2-30　设备绝缘子沾污

◎危害分析：绝缘子表面沾污，降低了绝缘子的绝缘性能，设备上电后可能会造成绝缘子闪络，严重时会导致设备跳闸。

◎整改措施：在设备投运前，可使用水冲洗等方法对绝缘子进行全面清洁，以满足标准要求。

3.GW22B-252型隔离开关绝缘子上标签未清理

◎标准及设计要求：GB 50147-2010《电气装置安装工程　高压电器施工及验收规范》要求，绝缘子表面应清洁，无裂纹、破损、焊接残留斑点等缺陷。

◎典型错误现象：已安装完毕的GW22B-252型隔离开关支柱绝缘子上的标签未清除，仍粘贴在绝缘子上，如图2-31所示。

图2-31　设备绝缘子表面标签未清除

◎危害分析：绝缘子上粘贴着标签等异物，会减小绝缘子表面的爬电距离，影响绝缘子的绝缘性能。

◎整改措施：清除绝缘子上的标签等异物，确保绝缘子表面光滑整洁。

4.LVQB-220W3型电流互感器硅橡胶伞裙沾污

◎标准及设计要求：GB 50147-2010《电气装置安装工程　高压电器施工及验收规范》要求，绝缘子表面应清洁，无裂纹、破损、焊接残留斑点等缺陷。

◎典型错误现象：LVQB-220W3型电流互感器硅橡胶伞裙积污严重，表面存在大量的污垢，如图2-32所示。

图2-32　硅橡胶伞裙脏污

◎危害分析：硅橡胶伞裙存在污垢，会减小伞裙表面的爬电距离，容易导致伞裙表面沿面放电，影响其绝缘性能。

◎整改措施：清理硅橡胶伞裙的污垢。工作过程中，工作人员不能攀爬硅橡胶伞裙，只能借助登高工具采用人工清抹方式处理，且硅橡胶伞裙严禁使用高压水枪冲洗，避免伞裙开裂。

5.ZSW-126/12.5-3型隔离开关支持绝缘子表面存在异物

◎标准及设计要求：GB 50147-2010《电气装置安装工程　高压电器施工及验收规范》要求，绝缘子表面应清洁，无裂纹、破损、焊接残留斑点等缺陷，以保证绝缘子表面的绝缘强度。

◎典型错误现象：ZSW-126/12.5-3型隔离开关绝缘子表面存在焊渣、油漆，影响绝缘子的爬电距离，如图2-33所示。

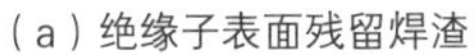
（a）绝缘子表面残留焊渣

（b）绝缘子表面残留油漆

图2-33　支持绝缘子表面脏污

◎危害分析：绝缘子表面附着焊渣、油漆等异物，使得绝缘子爬电距离变小，易引起绝缘子表面发生沿面放电现象，严重时会造成设备跳闸事故。

◎整改措施：清除绝缘子表面焊渣、油漆，按规范要求确保绝缘子整体清洁无裂痕无损坏。

2.4　GIS设备验收

1.GIS母线筒偏移走位

◎标准及设计要求：根据DL/T 5161.2-2002《电气装置安装工程　质量检验及评定规程　第2部分：高压电器施工质量检查》中的六氟化硫封闭式组合电器基础及设备支架安装质量标准要求：220kV以下设备轴线与基础轴线偏差<3mm。

◎典型错误现象：110kV ZFW31-126型GIS母线筒设备在拼装过程中偏移走位，其中第一节单独母线筒中线偏移母线基础中线4mm，第二节单独母线筒中线偏移母线基础中线7mm，不满足规范要求，如图2-34所示。

（a）母线筒中线偏移测量

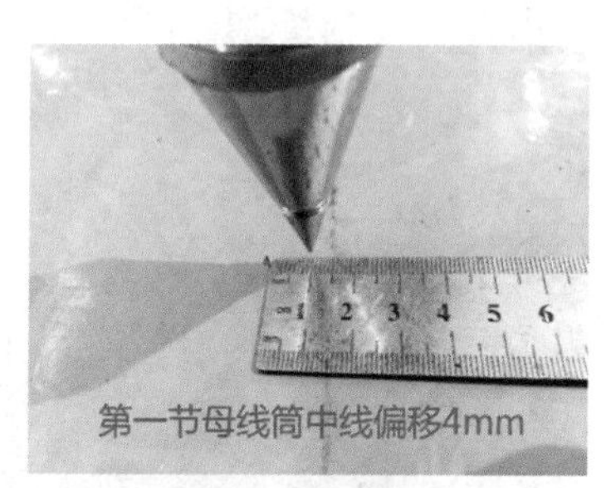

（b）第一节母线筒中线偏移

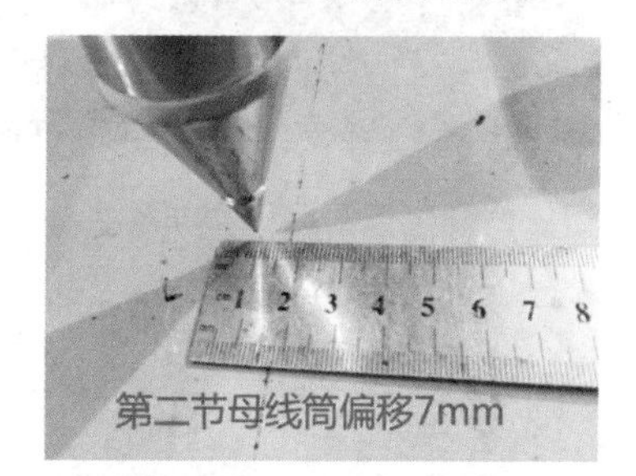

（c）第二节母线筒中线偏移

图2-34　GIS母线筒安装偏移走位

◎危害分析：母线筒偏移走位，对导体的接触、盆式绝缘子的安装、筒内支持绝缘子的安装均有影响，使其受力不均，严重时可能会导致母线筒漏气或筒内设备发热。

◎整改措施：母线筒拼接紧固前，先确保其中线偏差值满足要求后再紧固，紧固螺栓应按照对角紧固的方式进行，使其中线偏差值满足规范要求。

2.GIS设备导电杆镀银层存在缺陷

◎标准及设计要求：根据GB 50147-2010《电气装置安装工程　高压电器施

工及验收规范》中的5.2.7.12的要求，检查导电部件镀银层应良好，表面光滑，无脱落。

◎典型错误现象：某站GIS设备安装现场，现场经设备厂家、监理、运行及检修专业人员共同检查110kV ZFW31-126型GIS设备147根（主母线87根，分支60根）导电杆，发现其中84根导电杆（主母线51根、分支33根）镀银接触面存在不同程度的缺陷，缺陷率57.14%，如图2-35所示。

（a）导电杆镀银层坑洞

（b）导电杆表面刮碰

（c）导电杆镀银层起泡

图2-35　GIS母线导电杆缺陷

◎危害分析：导电杆安装在母线筒内，人员不易观察，导电杆镀银层受损，其接触电阻会增大，容易导致导电杆接触面发热。

◎整改措施：将有缺陷的导体进行更换。

3.GIS盆式绝缘子表面存在气孔缺陷

◎标准及设计要求：根据NB/T 42105-2016《高压交流气体绝缘金属封闭开关设备用盆式绝缘子》中的表Á.1 绝缘件表面缺陷的检查要求：气体密封槽B区，单侧允许0.5mm 及以下气孔；承受高电压部位C区，允许ϕ1及以下气孔数量在40mm×40mm 范围内不多于2 个。

◎典型错误现象：某站110kV ZFW31-126型GIS设备母线筒拼装过程中，发现其中780034型盆式绝缘子存在3处气孔：

（1）B区存在2个气孔，1个直径约为0.6mm，另个直径约0.85mm，不满足标准要求。

（2）C区存在1个气孔，约为1.7mm，不满足标准要求，如图2-36所示。

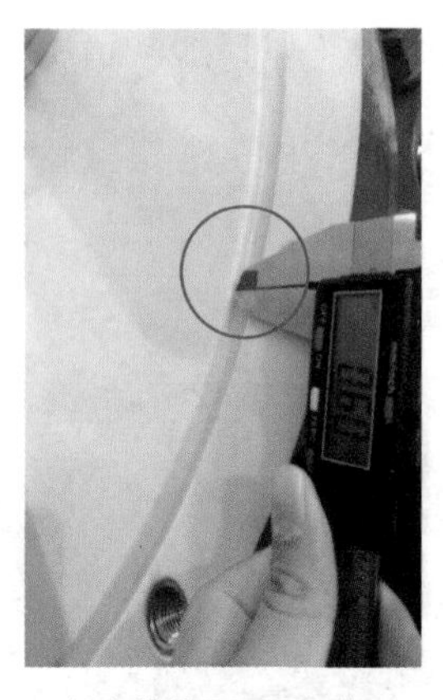

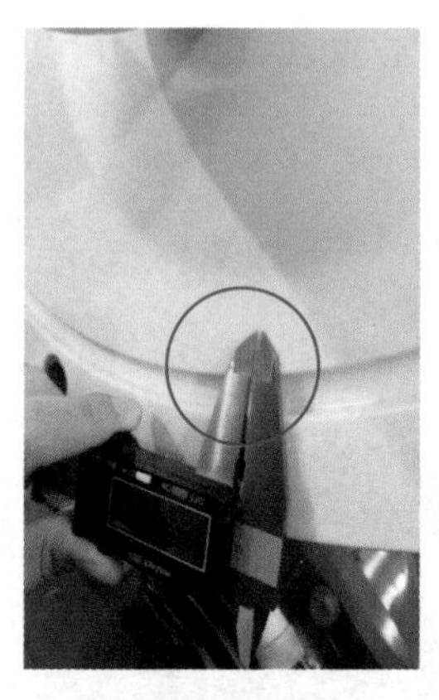

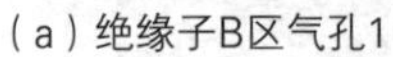

（a）绝缘子B区气孔1　（b）绝缘子C区气孔　（c）绝缘子B区气孔2

图2-36　GIS母线筒盆式绝缘子缺陷

◎危害分析：盆式绝缘子的B区存在气孔，易造成母线筒漏气。由于盆式绝缘子处于高压的电磁场的母线筒中，C区存在气孔，使得绝缘子表面电磁场分配不均，可能会产生局部放电。

◎整改措施：联系设备厂家准备专业工具至现场复测，如不满足规范要求，则更换处理。

4.GIS盆式绝缘子表面存在纹路缺陷

◎标准及设计要求：根据GB 50147-2010《电气装置安装工程　高压电器施工及验收规范》中的5.2.7.9的要求：盆式绝缘子应完好，表面应清洁。

◎典型错误现象：110kV ZFW31-126型GIS设备780034型盆式绝缘子表面有约100mm长纹路，纹路部分手摸有明显凸起感，如图2-37所示。

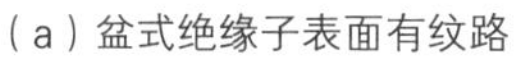

（a）盆式绝缘子表面有纹路

（b）盆式绝缘子表面有凸起感

图2-37　GIS母线筒盆式绝缘子缺陷

◎危害分析：盆式绝缘子长纹路的内部情况不明，可能存在贯穿性裂纹，一旦设备上电，则可能会引起放电，造成设备跳闸。另外，绝缘子表面凹凸不平，会影响其表面的电磁场分配不均，可能会产生局部放电。

◎整改措施：联系厂家准备专业工具至现场鉴定，建议更换处理。

5.GIS母线筒内壁存在缺陷

◎标准及设计要求：根据GB 50147-2010《电气装置安装工程　高压电器施工及验收规范》中的5.2.7.11的要求：母线筒内壁涂漆的漆层应完好。

◎典型错误现象：220kV ZF19-252型GIS设备母线筒内壁有多处磕碰痕迹，如图2-38所示。

（a）母线筒油漆有凸起

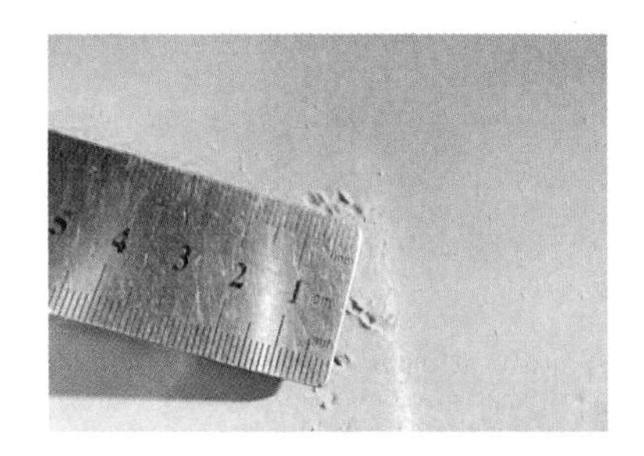

（b）母线筒油漆有磕碰现象

图2-38　GIS母线筒油漆缺陷

◎危害分析：聚氨酯漆绝缘漆脱落或凹凸不平，使得母线筒内壁的电磁场分布不均匀，设备运行时，可能导致GIS设备发生局部放电，造成设备跳闸。

◎整改措施：联系设备厂家准备原配的聚氨酯漆，按规范要求重新补漆，并确保其表面完好。

2.5 站用变压器、接地变压器

1.电缆头安装无专用固定支架

◎标准及设计要求：GB 50217-2007《电力工程电缆设计规范》要求，35kV及以下电缆明敷时，应设置适当固定的部位，并应符合下列规定：垂直敷设，应设置在上、下端和中间适当数量位置处，固定电缆用的夹具、扎带、捆绳或支托件等部件，应具有表面光滑、便于安装、足够的机械强度和适合使用环境的耐久性。

◎典型错误现象：YJV-3×300+1×150/1kV型电缆头固定处无专用固定支架，无专用电缆胶垫，且电缆的固定位置在选取在电缆头的三叉口位置处，固定位置不合适，不符合标准要求，如图2-39所示。

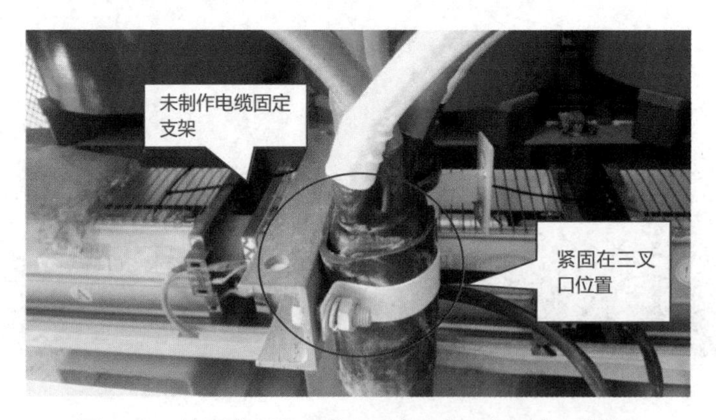

图2-39 站用变压器电缆无固定支架及紧固位置错误

◎危害分析：选用电缆的专用胶垫、专用支架及选取固定电缆的合适位置固定电缆，其目的均是使电缆得到有效固定。否则电缆在重力的作用下，站用变压器接线处承受大部分的电缆重力，可能导致电缆头与站用变压器的接线端接触不良、发热，严重时会使接线端处的绝缘子受损，造成设备损坏。

◎整改措施：根据现场电缆槽的尺寸制作专用电缆固定支架，增加电缆专用胶垫，并调整电缆的紧固位置，使抱箍能牢固地固定在电缆本体上。

2.站用变压器中性点接地未预留接地引线

◎标准及设计要求：设计图纸要求，站用变压器土建施工时注意预留一次接地引线用于中性点接地，使用50×8热镀锌扁钢与主地网连接。

◎典型错误现象：检查SCB11-400/10.5型站用变压器内，未见预留用于中性点单独接入主地网的接地引线，与设计图纸不符，如图2-40所示。

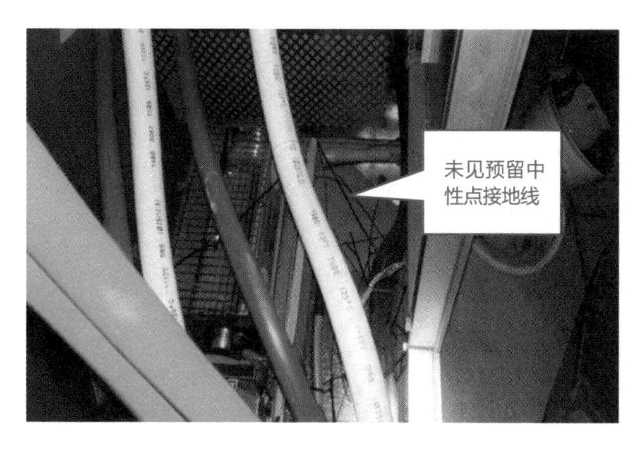

图2-40　未预留站用变压器中性点接地线

◎危害分析：变压器中性点接地为工作接地，在站用变压器正常运行时中性点应视为带电设备，中性点应单独通过接地线引入主接地网，如与其他设备的保护接地混接，设备上电后可能会危及人身安全。

◎整改措施：按设计图纸整改，确保站用变压器的中性点独立接至主地网。

3.接地变压器中性点小电阻未能独立接入主地网

◎标准及设计要求：按设计图纸要求，接地变压器中性点小电阻接地点应独立出线，独立接至变电站的主地网。

◎典型错误现象：DKCS-500/10型接地变压器中性点小电阻接地点与接地变压器箱体外壳基础槽钢连接在一起后，再与站内主地网连接，未能独立接入主地网，与设计图纸不符，如图2-41所示。

（a）中性点经设备外壳接地图1

（b）中性点经设备外壳接地图2

图2-41　接地变压器中性点未独立接地

◎危害分析：接地变压器的中性点接地属于工作接地，而接地变压器的金属箱体外壳接地属于保护接地，这两者的功能及性质不同，如果两者混接，设备上电后可能会危及运行人员的人身安全。

◎整改措施：按设计图纸整改，确保接地变压器中性点接地线单独接入变电站内的主地网。

4.接地变压器中性点接地线线径不足

◎标准及设计要求：设计图纸要求，接地变压器中性点接地线要求线径为截面积150mm²的单芯电缆直接接入主地网。

◎典型错误现象：DKCS-400/10.5型接地变压器中性点接地出线现场使用截面面积为120mm²铜绞线接入主地网，接地引线的型号及线径均不符合设计图纸的要求，如图2-42所示。

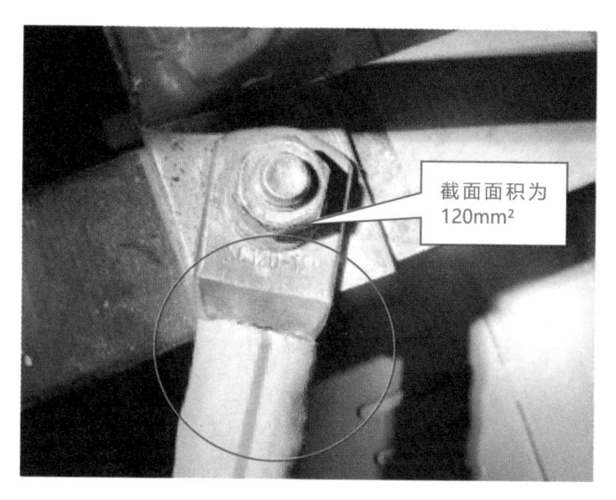

图2-42　接地变压器中性点接地线截面面积不足

◎危害分析：铜绞线的外绝缘保护远比单芯电缆差，线径减小，载流能力下降，影响设备安全运行。

◎整改措施：按设计图纸要求，将铜绞线更换为截面面积为150mm²的单芯电缆作为接地变中性点接地线，并单独接至变电站的主地网。

5.接地变压器中性点接地刀闸连杆锁紧螺母松动

◎标准及设计要求：GB 50147-2010《电气装置安装工程　高压电器施工及验收规范》要求，隔离开关的操动机构的零部件应齐全，所有固定连接部件应紧固，以保证隔离开关能正常分合到位。

◎典型错误现象：DKCS-500/10型接地变压器中性点接地刀闸连杆的锁紧

螺母松动，未紧固，如图2-43所示。

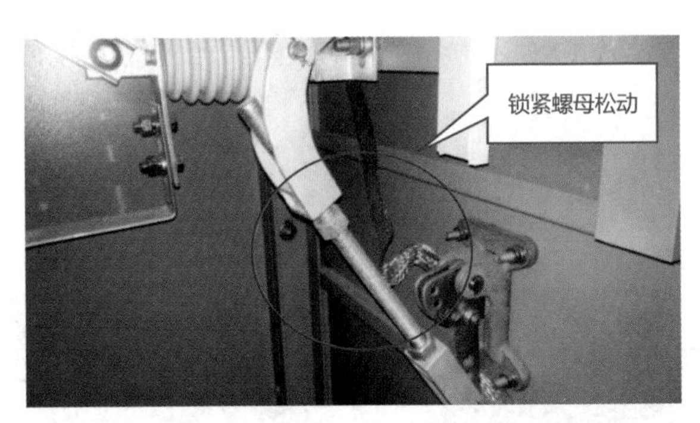

图2-43　隔离开关操作连杆锁紧螺母松动

◎危害分析：连杆锁紧螺母未紧固，在接地刀闸经过多次分合后，连杆行程会发生变化，接地刀闸动触头与静触头的接触面积会发生变化，这将影响接地刀闸的分合闸质量。

◎整改措施：调整接地刀闸合格后，紧固锁紧操作连杆上的螺母。

6.接地变压器顶盖螺丝脱落

◎标准及设计要求：GB 50171-2012《电气装置安装工程　盘、柜及二次回路接线施工及验收规范》要求，盘、柜间及与各构件间连接应牢固，盘柜的固定应可靠。

◎典型错误现象：DKCS-500/10型接地变压器顶盖有两处螺栓已脱落，两处螺栓松动、未紧固，不满足规范要求，如图2-44所示。

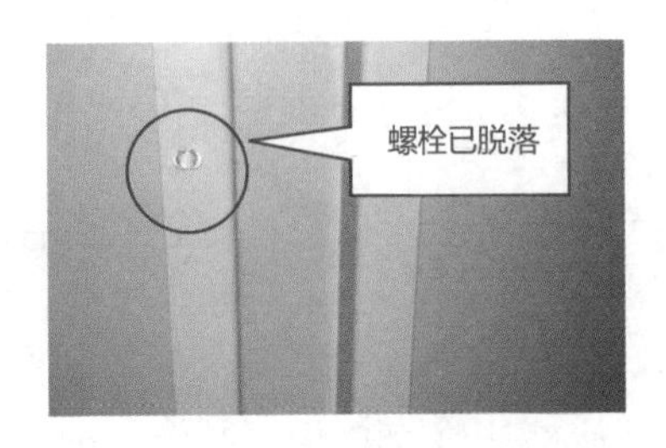

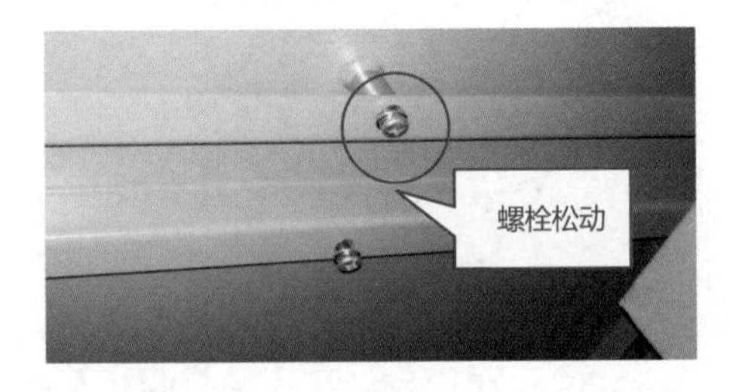

图2-44　接地变压器螺丝脱落

◎危害分析：接地变压器顶盖固定螺栓松动或松脱，造成顶盖封板无法紧固，设备运行时因振动产生异响。同时，封板未能紧固，存在小动物进入柜内引起设备事故的风险。

◎整改措施：按规范要求，在接地变压器顶盖加装螺栓，确保顶盖封板紧固、完好。

7.加热装置松脱

◎标准及设计要求：GB 50147-2010《电气装置安装工程　高压电器施工及验收规范》要求，箱内安装有加热装置时，应完好、安装牢固，以免加热装置影响箱内其他设备运行。

◎典型错误现象：DKCS-500/10型接地变压器箱体加热器的倾斜、松动，摇摇欲坠，如图2-45所示。

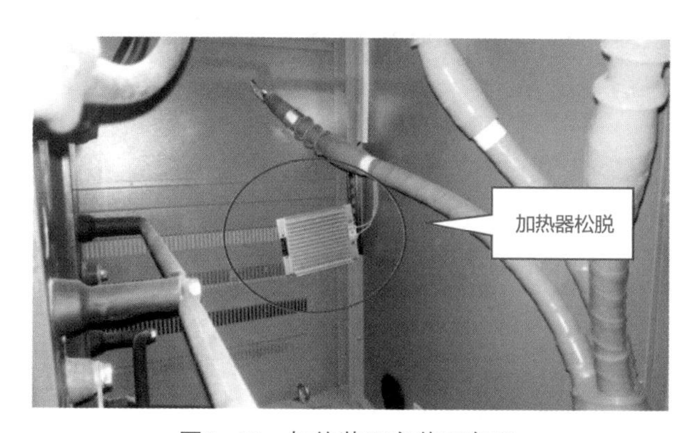

图2-45　加热装置安装不牢固

◎危害分析：加热器发热板松动，若加热器掉落，一旦接触到其附近的导线、电缆，会导致导线、电缆因外绝缘受破坏引起短路事故，严重时可能会引起火灾。

◎整改措施：重新调整加热器位置并紧固，确保加热器离附近导线的距离大于50mm。

8.接地变压器箱体内杂物多

◎标准及设计要求：GB 50147-2010《电气装置安装工程　高压电器施工及验收规范》要求，设备内部应清洁、无杂物，以免影响设备正常运行。

◎典型错误现象：DKCS-500/10型接地变压器箱体内金属杂物较多，箱体内存在废弃的螺栓、钥匙、线头等杂物，如图2-46所示。

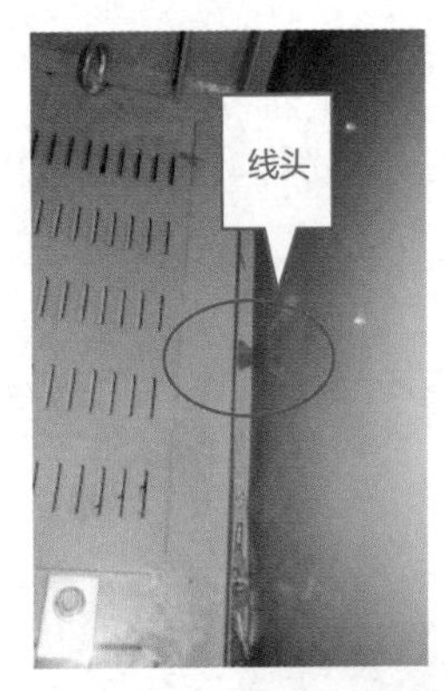

（a）箱体内残留金属线头

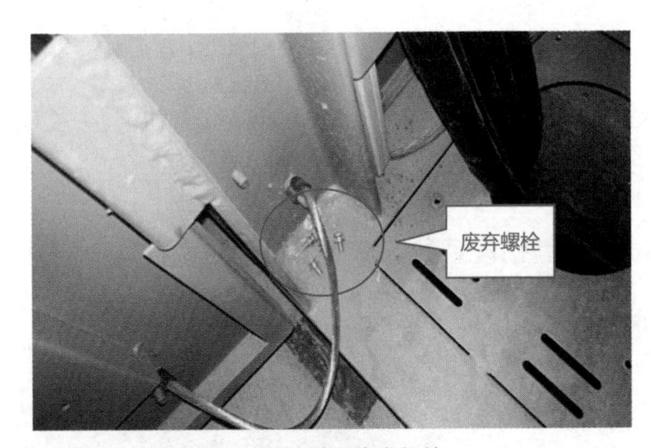

（b）箱体内残留废弃螺栓

图2-46　接地变压器箱体内残留金属杂物

◎危害分析：接地变压器箱体内存在杂物，在设备带电运行后，杂物可能掉落至设备中，存在安全隐患，影响设备正常运行。

◎整改措施：将金属杂物清理干净。

9.DKCS-500/10型接地变压器中性点接地刀闸转动部位无润滑

◎标准及设计要求：GB 50147-2010《电气装置安装工程　高压电器施工及验收规范》要求，隔离开关操动机构的零部件应齐全，所有固定连接部件应紧固，各转动部分应涂以适合当地气候条件的润滑脂。

◎典型错误现象：DKCS-500/10型接地变压器中性点接地刀闸各转动部位无任何润滑措施，操作时卡滞严重，如图2-47所示。

（a）隔离开关传动部位无润滑措施图1

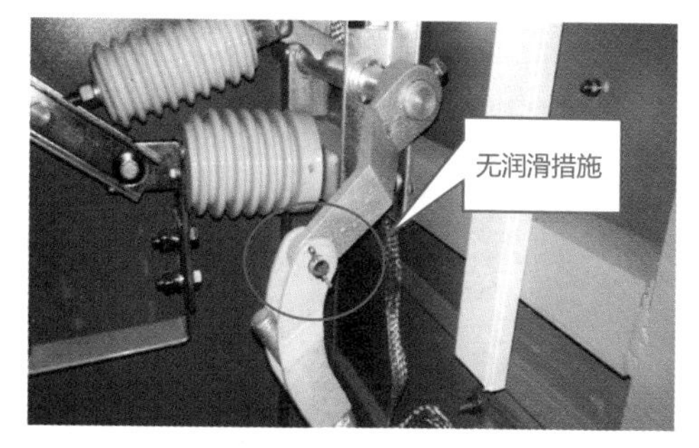

（b）隔离开关传动部位无润滑措施图2

图2-47 隔离开关传动部位无润滑措施

◎危害分析：接地刀闸的传动部位未做好润滑措施，运行人员在操作接地刀闸时可能会造成操动机构发生联动异常、卡阻等现象，甚至导致接地刀闸分合闸不到位，影响设备正常操作。

◎整改措施：按规范要求，在接地刀闸各转动部位涂抹足够的润滑脂。

2.6 电缆敷设及安装

1.开关柜垂直敷设电缆上端未固定

◎标准及设计要求：GB 50217-2007《电力工程电缆设计规范》要求，35kV及以下电缆明敷时，应设置适当固定的部位，并应符合下列规定：垂直敷设，应设置在上、下端和中间适当位置处，固定电缆用的夹具、扎带、捆绳或支托件等部件，应具有表面光滑、便于安装、足够的机械强度和适合使用环境的耐久性。

◎典型错误现象：高压室所有开关柜的YJV-3×300/15kV型电缆从开关柜

底部电缆井垂直敷设至开关柜内，在电缆井内靠近电缆的上端及中间位置无任何固定措施，不满足规范要求，如图2-48所示。

图2-48　电缆未用专用支架固定

◎危害分析：垂直敷设的电缆在其上端及中间位置未有效固定，在电缆自身重力及线路故障时所产生的电动力的共同作用下，电缆与开关柜铜排连接处承受着极大的拉力，可能会导致此处的紧固螺栓松动，造成电缆与铜排连接处发热，严重时，可能会导致开关柜内电缆连接处的绝缘子开裂，危及设备的安全运行。

◎整改措施：按规范的要求，在电缆的上端及中间位置制作专用电缆固定支架固定电缆，确保垂直敷设的电缆得到有效固定。

2.接地变压器进线电缆头未采用专用胶垫固定

◎标准及设计要求：GB 50217-2007《电力工程电缆设计规范》要求，35kV及以下电缆明敷时，应设置适当固定的部位，并应符合下列规定：固定电缆用的夹具、扎带、捆绳或支托件等部件，应具有表面光滑、便于安装、足够的机械强度和适合使用环境的耐久性。

◎典型错误现象：DKCS-500/10型接地变压器YJV-3×300/15kV型进线电缆与固定角铁之间未使用专用的电缆胶垫固定，如图2-49所示。

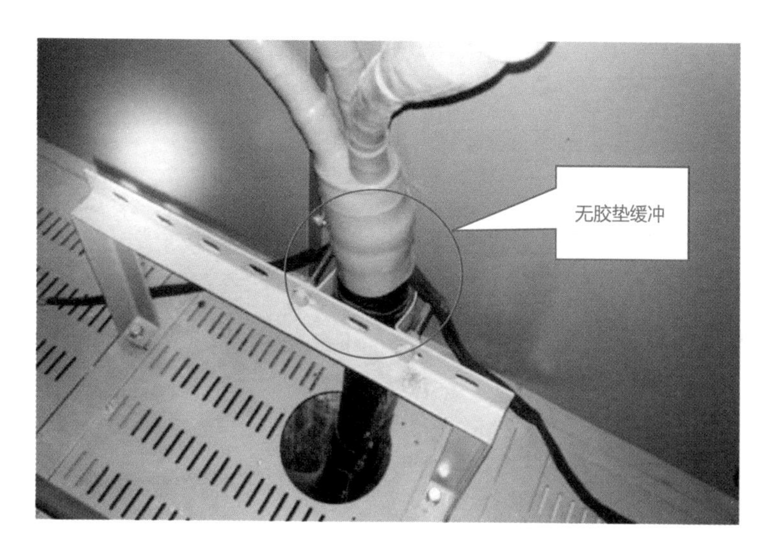

图2-49　电缆头固定未采用专用支架

◎危害分析：电缆专用胶垫属于电缆夹具配件之一，安装在电缆与固定的金属体之间，保证电缆得到有效固定，同时又确保电缆的外绝缘在固定时不被破坏。如电缆专用胶垫缺失，电缆与固定金属之间缺少胶垫缓冲，电缆聚氯乙烯外皮容易产生破损。

◎整改措施：准备好与电缆型号相匹配的专用胶垫，按规范要求使用专用胶垫固定电缆。

3.电缆沟电缆敷设杂乱

◎标准及设计要求：设计图纸要求，电缆沟内电缆宜减少交叉，相交时，交叉口应设置电缆支架，以防电缆下垂。电缆敷设应尽可能整齐美观，减少交叉。

◎典型错误现象：某站部分二次电缆沟内电缆敷设杂乱、无序，大量电缆交叉，交叉口未设置电缆支架。如图2-50所示。

（a）电缆敷设杂乱

（b）电缆交叉口未设置电缆支架

图2-50　电缆敷设不规范

◎危害分析：电缆沟交叉处未设置电缆支架，会导致电缆下垂、凌乱，沟内电缆敷设不整齐，可能会导致电缆间的弱电信号相互干扰，同时不便于查找故障。

◎整改措施：按设计图纸要求，重新调整电缆位置，使得沟内电缆整齐敷设。

4.开关柜内电缆头相间距离不足

◎标准及设计要求：DL/T 5352-2006《高压配电装置设计技术规程》要求，10kV屋内配电装置空气绝缘的安全净距不应小于125mm，以保证屋内配电装置内导体不会发生放电现象。

◎典型错误现象：XGN2-12型高压开关柜内因电缆拉扯导致相间距离只有120mm，不满足125mm的最小安全静距离的要求，如图2-51所示。

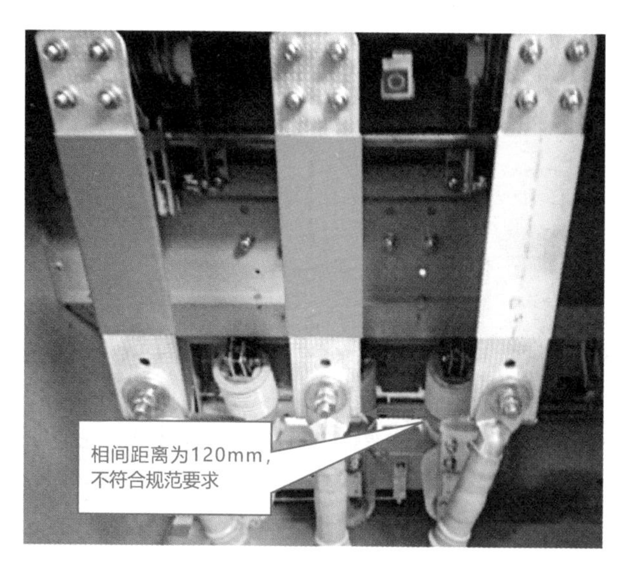

图2-51　10kV开关柜内相间导体之间距离不足

◎危害分析：当配电装置带电部位之间的距离不满足规定的最小净距要求时，带电部位之间的空气绝缘容易被击穿，造成带电部位之间放电，对设备及人身危害极大。

◎整改措施：重新调整电缆头位置，按规范要求紧固电缆，确保相间距离符合规范要求。

2.7 构架钢支柱验收

1.构架钢支柱刮伤

◎标准及设计要求：GB 50147-2010《电气装置安装工程　高压电器施工及验收规范》要求：镀锌设备支架应镀锌层完好、无锈蚀、无脱落、色泽一致，以免经日晒雨淋后锈蚀，影响支架机械强度。

◎典型错误现象：GZ100-1a型构架表面存在多处刮痕，钢材表面的热镀锌层已被严重破坏，如图2-52所示。

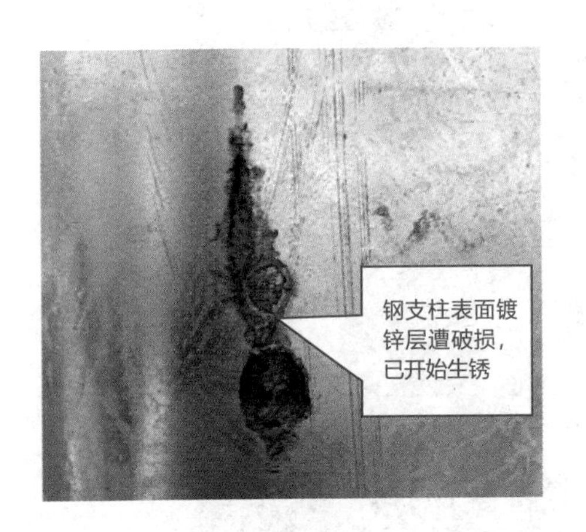

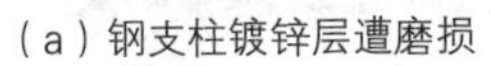
（a）钢支柱镀锌层遭磨损

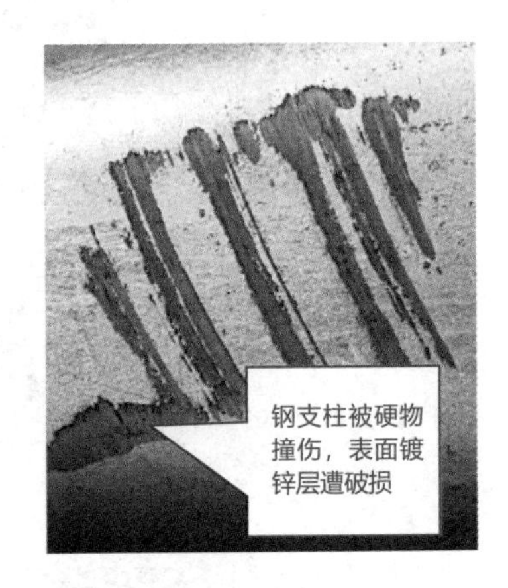

（b）钢支柱表面遭刮伤

图2-52　钢支柱表面镀锌层遭破坏

◎危害分析：钢材经刮伤后，其表面的镀锌层已遭破坏。钢材表面失去镀锌层保护后，容易生锈，从而影响设备安全运行。

◎整改措施：按规范要求，联系设备厂家到站对受损的钢支柱进行修复。

2.构架钢支柱受外力撞变形

◎标准及设计要求：GB 50205-2001《钢结构工程施工质量验收规范》要求，矫正后的钢支柱表面不应有明显的凹面，保证钢支柱具有足够的机械强度。受撞击、划痕深度大于0.5mm或大于该钢材厚度负允许偏差1/2的钢支柱需进行更换。

◎典型错误现象：八边形折板钢支柱受外力撞击后形成凹痕，受损面积约8cm×8cm，凹面深度约1cm，如图2-53所示。

（a）钢支柱表面遭撞击

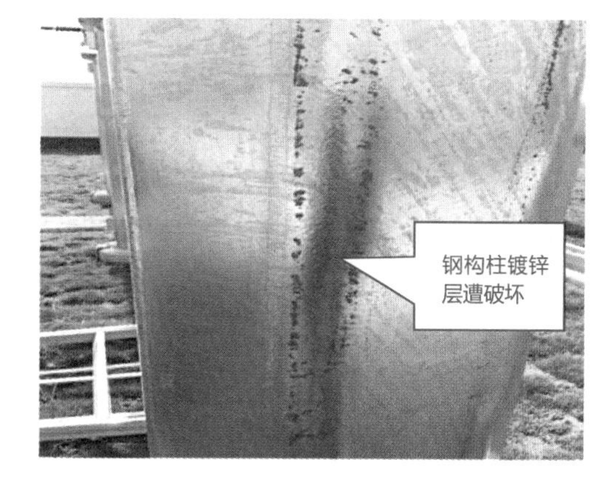

（b）钢支柱镀锌层遭破坏

图2-53　钢支柱遭受撞击变形及镀锌层破坏

◎危害分析：钢构架、钢支柱被撞击受损，构架整体结构变形，承重能力大幅下降，且已安装好的钢构架受外力撞击变形后，在安装现场不具备修复条件，存在严重的安全隐患。

◎整改措施：按规范要求，联系施工单位、设计单位、监理单位及设备厂家到站共同鉴定后，更换受损的钢支柱。

3.钢构架垂直度偏差大

◎标准及设计要求：GB 50205-2001《钢结构工程施工质量验收规范》要求，钢支柱单节的垂直度偏差标准：当$h \leq 10$m时，允许最大偏差值为$h/1000$，当$h > 10$m时，允许最大偏差值为$h/1000$，且不大于25mm。

◎典型错误现象：某站110kV隔离开关钢支柱高度为2500mm，测量其中一根钢支柱垂直度偏差值为约8mm，不满足标准要求，如图2-54所示。

(a) 垂直度测量工具

(b) 设备支架垂直度测量

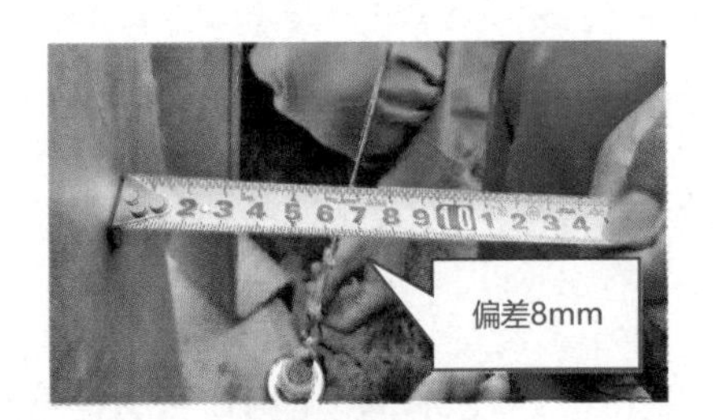

(c) 垂直度偏差8mm

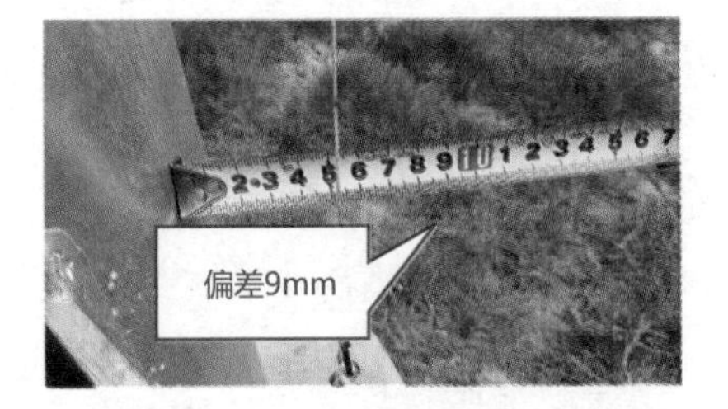

(d) 垂直度偏差-9mm

图2-54　设备支架垂直度偏差过大

◎危害分析：钢支柱倾斜则造成支柱承托设备的底座不水平，大大增加设备安装调试的难度。设备安装完毕后，在重力的作用下，可能会造成设备基础倾斜，影响设备的安全运行，存在极大的安全隐患。

◎整改措施：按规范要求，联系施工单位、设计单位、监理单位及设备厂家到站共同鉴定后，对垂直度不合格的钢支柱重新返工，确保其垂直度满足规范要求。

2.8 其他部分

1.设备外壳锈蚀

◎标准及设计要求：GB 50147-2010《电气装置安装工程　高压电器施工及验收规范》要求，设备外壳无损伤变形及锈蚀现象。

◎典型错误现象：SFSZ10-240000/220型主变压器散热器法兰、套管的电流互感器二次端子盒封盖等多处面漆脱落，已开始生锈，如图2-55所示。

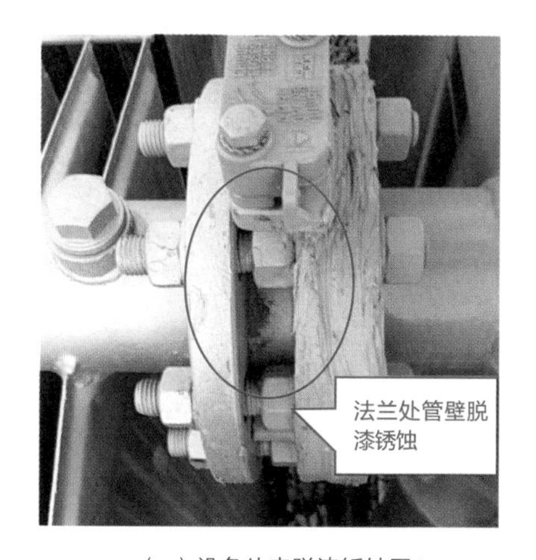

（a）设备外壳脱漆锈蚀图1

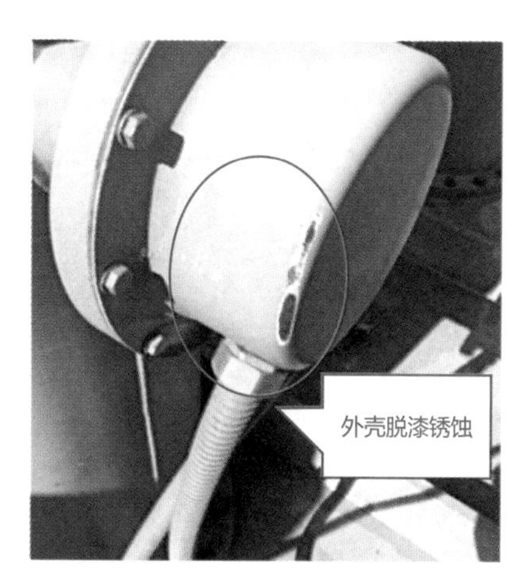

（b）设备外壳脱漆锈蚀图2

图2-55　设备外壳脱漆锈蚀

◎危害分析：设备外壳脱漆生锈，在长期日晒雨淋后可能会使外壳锈穿，导致设备漏油、漏气，影响设备安全稳定运行。

◎整改措施：联系设备厂家准备好原厂漆，按规范要求，去除铁锈后，先刷防锈底漆，再刷面漆。

2.螺栓、平垫采用非热镀锌材质

◎标准及设计要求：GB 50147-2010《电气装置安装工程　高压电器施工及

验收规范》要求，设备安装用的紧固件应采用镀锌或不锈钢制品，户外用的紧固件应采用热镀锌工艺，以防止紧固件锈蚀。

◎典型错误现象：厂家所配的JY 8.8型螺栓、平垫，在设备投运前已开始生锈，如图2–56所示。

（a）螺栓生锈

（b）垫片生锈

图2–56　户外设备安装用螺栓及垫片为非热镀锌材质

◎危害分析：紧固件生锈后会影响该紧固件的机械性能及紧固力矩，可能会导致螺栓松动或者锈死，从而影响设备的通流能力。

◎整改措施：按规范要求，更换已生锈的紧固件。

3.绝缘子串R型销缺失

◎标准及设计要求：GB/T 25318–2010《绝缘子串元件球窝联接用锁紧销尺寸和试验》要求，R型销经窝销孔插入，将销腿弯曲。

◎典型错误现象：某站验收发现现场部分11(FC100P/146U)型耐张绝缘子串和U型环螺栓处缺少R型销。如图2–57所示。

（a）绝缘子串缺少R型销图1

（b）绝缘子串缺少R型销图2

（c）绝缘子串缺少R型销图3

（d）绝缘子串缺少R型销图4

图2-57　绝缘子串缺少R型销

◎危害分析：R型销是固定绝缘子串不可缺少的一部分，绝缘子串紧固件缺少R型销，导致绝缘子串无法可靠地固定于构架中，在台风天气的作用下，存在可能造成绝缘子串松脱掉串的风险。

◎整改措施：按规范要求，补齐安装绝缘子所缺少的R型销，以确保绝缘子串安装牢靠。

4.接地刀闸操动机构传动部位插销缺失

◎标准及设计要求：GB 50147-2010《电气装置安装工程　高压电器施工及验收规范》要求，接地刀闸的延长轴、轴承、联轴器、中间轴承及拐臂等传动部件，其安装位置应正确，固定应牢靠，以保证隔离开关、接地刀闸能进行正常分合操作。

◎典型错误现象：电容器组JN15-12/31.5型接地刀闸操动机构传动部位缺少插销，如图2-58所示。

（a）隔离开关传动部位缺少插销图1

（b）隔离开关传动部位缺少插销图2

图2-58　隔离开关传动部位缺少插销

◎危害分析：接地刀闸传动部位缺少插销固定，在接地刀闸经过多次分合后，其传动杆易松脱，从而导致接地刀闸无法正常分合闸。

◎整改措施：联系设备厂家，补齐所缺的插销，按规范要求安装。

第3章

二次设备及其回路的验收

3.1 主变压器二次设备

SFSZ10-240000/220型主变压器冷却装置不能正常运行

◎标准及设计要求：GB 50148-2010《电气装置安装工程　电力变压器、油浸电抗器、互感器施工及验收规范》要求，冷却装置应试运行正常，以保证主变压器运行时具有满足要求的散热能力。

◎典型错误现象：某站SFSZ10-240000/220型主变压器风扇启动方式调到手动，风扇电动机电源开关在合上位置，对应风机不工作，如图3-1所示。

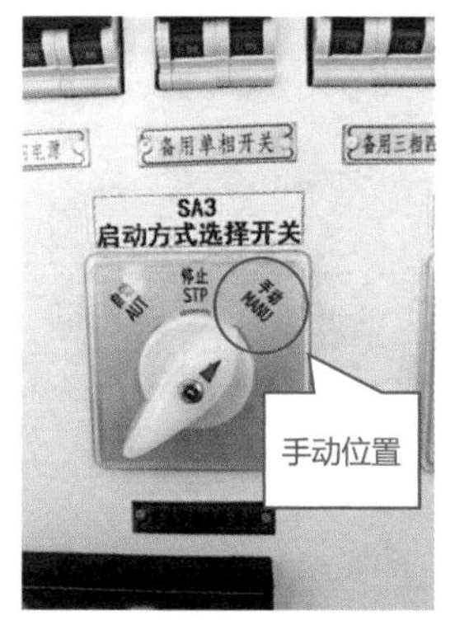

(a) 启动方式为手动

(b) 3号风机电源在合位

(c) 3号风机不工作

图3-1　SFSZ10-240000/220型主变压器冷却装置无法正常启动

◎危害分析：主变压器冷却装置不能正常工作，影响主变压器的散热能力，从而影响主变压器的负荷能力，甚至导致主变压器不能正常运行。

◎整改措施：检查主变压器冷却装置相关回路并排除故障，恢复主变压器冷却装置正常功能。

3.2 断路器二次设备

1.3AP1–F1型断路器计数器不动作

◎标准及设计要求：GB 50147–2010《电气装置安装工程　高压电器施工及验收规范》要求，断路器装设的动作计数器动作应正确。

◎典型错误现象：某站3AP1–F1型断路器动作计算器读数为0；现场分合开关，计数器无变化，如图3–2所示。

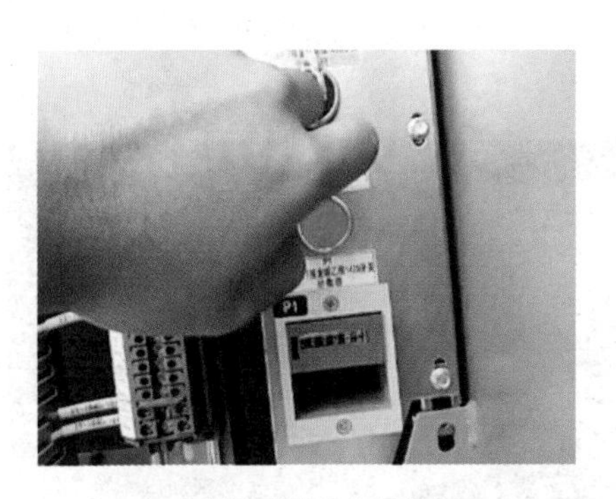

（a）断路器进行合闸操作

（b）计数器读数仍为0

图3–2　3AP1–F1型断路器动作计数器不动作

◎危害分析：3AP1–F1型断路器安装时动作计数器计数为0，无法验证断路器出厂时是否有进行200次分合操作试验；动作计数器功能失效会影响运行人员对断路器动作情况的判断，影响断路器的运维工作及事故处理。

◎整改措施：核对断路器的200次出厂分合操作试验报告；更换功能失效的动作计数器。

2.LTB145D1/B型断路器机构箱二次元件无标签

◎标准及设计要求：GB 50171–2012《电气装置安装工程　盘、柜及二次回路接地施工及验收规范》要求，所有二次回路标识应齐全清晰。

◎典型错误现象：某站LTB145D1/B型断路器机构箱分合闸线圈均未贴对应标签，如图3-3所示。

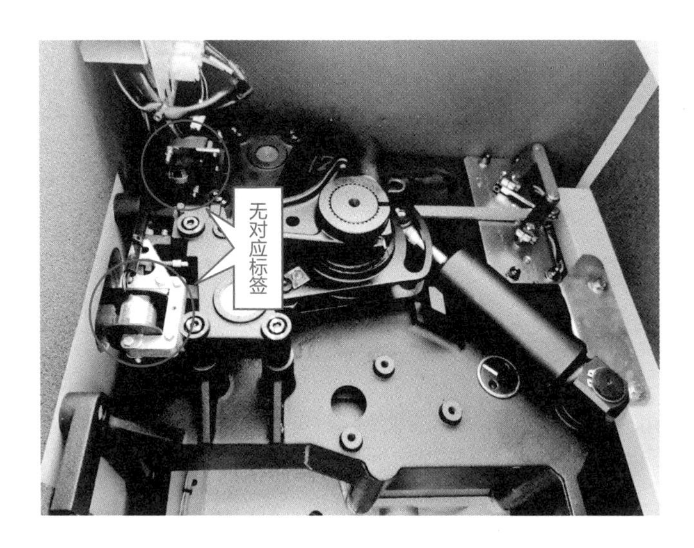

图3-3　LTB145D1/B型断路器分合闸线圈无对应标签

◎危害分析：二次回路元件无相应标签，不利于相关回路的查找，影响日后运维及检修工作。

◎整改措施：全面排查断路器机构箱二次元件标签缺失情况，按要求增加对应标签。

3.LTB72.5-245E2型断路器机构箱安装不规范

◎标准及设计要求：设备说明书要求，LTB72.5-245E2型SF_6断路器安装气体监视系统时，需要在操作机构箱底封板上钻一个直径23mm的孔，用密封垫圈和螺母把电缆固定套箍安装到开孔上。以保证电缆不受磨损和机构箱密封良好。

◎典型错误现象：某站LTB72.5-245E2型断路器现场安装时未使用厂家配置的箱底封板，而采用自制钢板，导致SF_6气体压力表计信号电缆表面绝缘破损。机构箱底部均未按说明书要求安装密封垫圈，如图3-4所示。

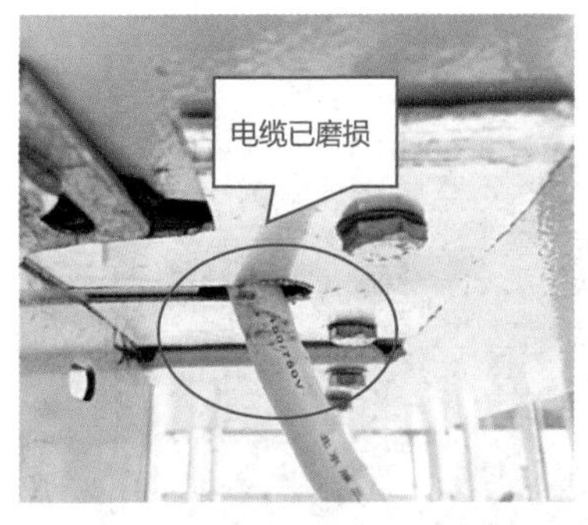

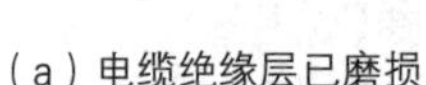
（a）电缆绝缘层已磨损

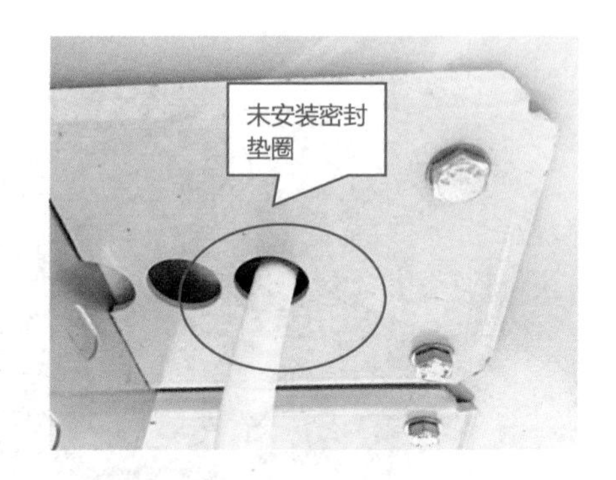

（b）电缆穿箱孔处未安装密封垫圈

图3-4　LTB72.5-245E2型断路器电缆穿箱未用垫圈密封保护

◎危害分析：SF_6气体压力表计信号电缆表皮破损易导致监视功能失效，导致监控后台无法监视断路器SF_6压力情况，严重者可能导致断路器事故。机构箱底部未按要求安装密封垫圈，小动物及潮气易进入机构箱内部，对断路器运行造成危害。

◎整改措施：联系厂家更换SF_6信号电缆及箱底封板并按说明书要求安装密封垫圈。

4.ZRB-KVVP2/22型控制电缆外绝缘刮伤

◎标准及设计要求：GB 50171-2012《电气装置安装工程　盘、柜及二次回路接地施工及验收规范》要求，电缆绝缘不应有损伤。以免造成电缆芯线接地或因长时间暴露而生锈。

◎典型错误现象：某站断路器的ZRB-KVVP2/22型控制电缆外绝缘磨损，如图3-5所示。

（a）电缆绝缘受损图1

（b）电缆绝缘受损图2

图3-5　ZRB-KVVP2/22型控制电缆绝缘层受损

◎危害分析：电缆绝缘受损易导致电缆的绝缘性能及屏蔽性能下降，严重者可能导致回路接地或保护误动作。

◎　整改措施：全面排查电缆绝缘的受损情况，更换受损电缆。

5.3AP1-F1型断路器机构箱加热器安装位置有误

◎标准及设计要求：《GB 50147-2010 电气装置安装工程　高压电器施工及验收规范》要求，加热器与各元件、电缆及电线的距离应大于50mm。以免元件、电缆及电线受热导致外绝缘融化从而影响性能。

◎典型错误现象：某站3AP1-F1型断路器机构箱内电线与加热器间距离过近，不足50mm。且机构箱内捆绑电线直接采用了塑料扎带，无阻燃功效，如图

3-6所示。

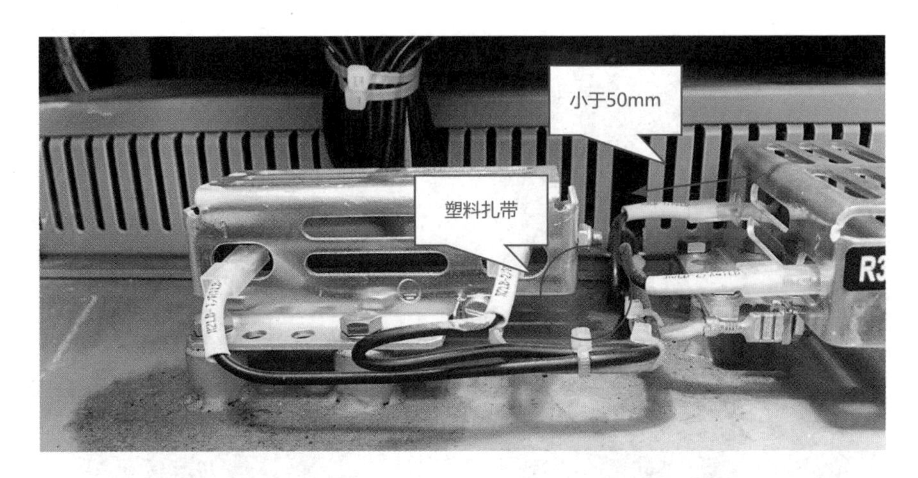

图3-6　3AP1-F1型断路器机构箱加热器与电缆距离不足

◎危害分析：箱柜内加热器与电线距离过近，电线长期受到高温影响，加速老化；箱柜内使用非阻燃材料，不满足阻燃要求。

◎整改措施：排查全站断路器机构箱同类型问题，并按规范要求进行整改。

3.3　隔离开关、接地刀闸二次设备

1.S2DA2T型隔离开关（带接地刀闸）电气闭锁失效

◎标准及设计要求：GB 50147-2010《电气装置安装工程　高压电器施工及验收规范》要求，带有接地刀的隔离开关，接地刀与主触头之间的机械或电气闭锁应准确可靠，以防止隔离开关在合位时带电合接地刀闸造成恶性误操作。

◎典型错误现象：某站S2DA2T型隔离开关（带接地刀闸）在合上位置时，同组的接地刀闸电气闭锁失效，闭锁回路故障，如图3-7所示。

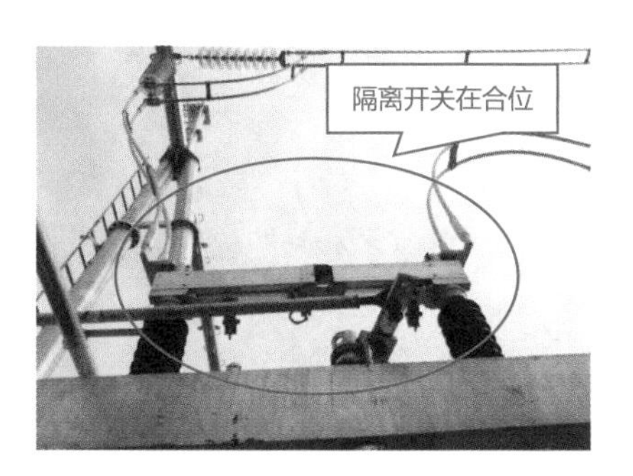

（a）隔离开关在合位

（b）对应接地刀闸可以操作

图3-7　S2DA2T型隔离开关闭锁失效

◎危害分析：隔离开关电气闭锁失效，隔离开关在合上位置时可以合上同组接地刀闸，可能会导致带电合接地刀闸的恶性误操作。

◎整改措施：检查地刀电气闭锁回路，确定回路失效原因，并做相应整改，使得电气闭锁功能正常实现。

2.SPV-126/2500型隔离开关机构箱端子排接线未紧固

◎标准及设计要求：GB 50171-2012《电气装置安装工程　盘、柜及二次回路接地施工及验收规范》要求，二次回路接线施工完毕后。应检查二次回路接线是否正确、牢靠，以保证回路的正确性及可靠性。

◎典型错误现象：某站SPV-126/2500型隔离开关机构箱接线端子排导线未紧固牢靠，轻轻一拔就松脱，如图3-8所示。

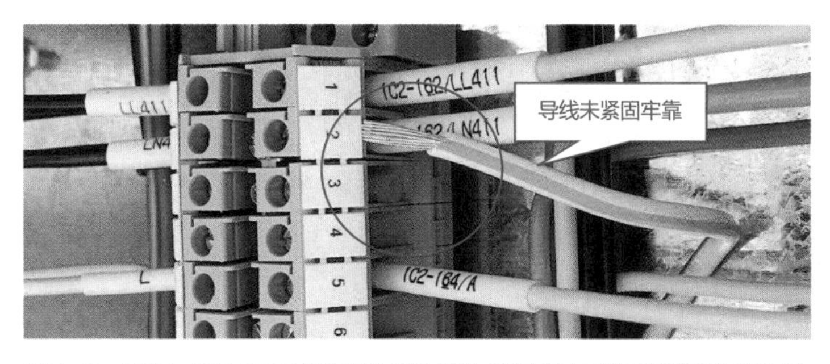

图3-8　SPV-126/2500型隔离开关机构箱导线与端子排连接不牢固

◎危害分析：端子排导线未紧固牢靠，易导致该接线所在回路不通，造成该接线所在回路功能失效。

◎整改措施：检查确认是否因端子排接线口螺丝滑牙致使松脱，对照图纸确认后将导线重新接入并紧固。

3.隔离开关ZRB-KVVP2/22型二次电缆备用线芯裸露

◎标准及设计要求：GB 50171-2012《电气装置安装工程　盘、柜及二次回路接地施工及验收规范》要求，备用芯线导体不得外露。以免长期暴露在空气中。

◎典型错误现象：某站隔离开关机构箱ZRB-KVVP2/22型二次电缆备用线线芯裸露，均未使用绝缘护套或胶布包扎好，如图3-9所示。

图3-9　ZRB-KVVP2/22型二次电缆备用芯线外露

◎危害分析：二次备用线芯裸露在空气中，受潮后容易与空气中水分发生氧化反应，影响线芯导电性能和通流能力。

◎整改措施：用绝缘胶布或专用胶套包扎好二次备用线芯。

4.SPV-126/2500型隔离开关机构箱端子排号缺失

◎标准及设计要求：GB 50171-2012《电气装置安装工程　盘、柜及二次回路接地施工及验收规范》要求，盘、柜的端子排等应标明编号、名称、用途及操作位置。

◎典型错误现象：某站SPV-126/2500型隔离开关机构箱内端子排本体端子号缺失，全站机构箱端子号只装单边，另一边未安装，如图3-10所示。

（a）端子排标识缺漏

（b）端子排标识整排缺失

图3-10　SPV-126/2500型隔离开关机构箱端子排标识缺失

◎危害分析：机构箱内端子排号缺失，不利于运维人员查找回路，且易查错回路。

◎整改措施：全面排查机构箱端子排标识缺失情况，联系厂家到站补充安装缺失的端子号。

5.SPV-126/2500型隔离开关机构箱密封胶条破损

◎标准及设计要求：GB 50147-2010《电气装置安装工程 高压电器施工及验收规范》要求，所有箱、柜防雨、防潮性能应良好。

◎典型错误现象：某站SPV-126/2500型隔离开关机构箱门开合时碾压密封胶条，致使密封胶条变形损坏，如图3-11所示。

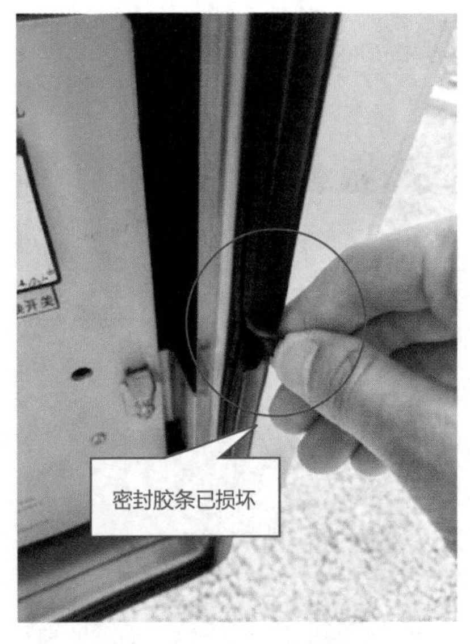

（a）机构箱密封胶条损坏图1

（b）机构箱密封胶条损坏图2

图3-11 SPV-126/2500型隔离开关机构箱密封胶条损坏

◎危害分析：密封胶条变形损坏，使得箱柜密封性下降，潮气可能进入机构箱内，使得二次元件受潮致使锈蚀。

◎整改措施：更换受损密封胶条，调整机构箱门，保证机构箱门能合拢严密且胶条不变形，确保机构箱密封性能完整无缺。

3.4 10kV开关柜二次设备

1.XGN2-12型开关柜内带电导体无隔离防护措施

◎标准及设计要求：GB 50171-2012《电气装置安装工程 盘、柜及二次回路接地施工及验收规范》要求，柜内带电部位应有隔离防护装置。

◎典型错误现象：某站XGN2-12型开关柜内电缆接头裸露，未做任何隔离防护措施，如图3-12所示。

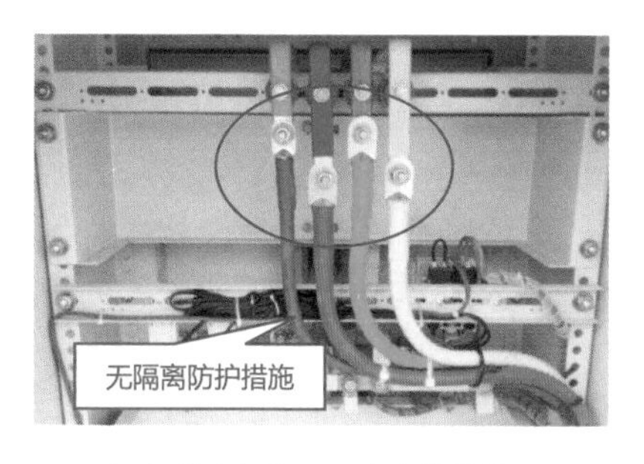

（a）带电部位无隔离防护措施图1

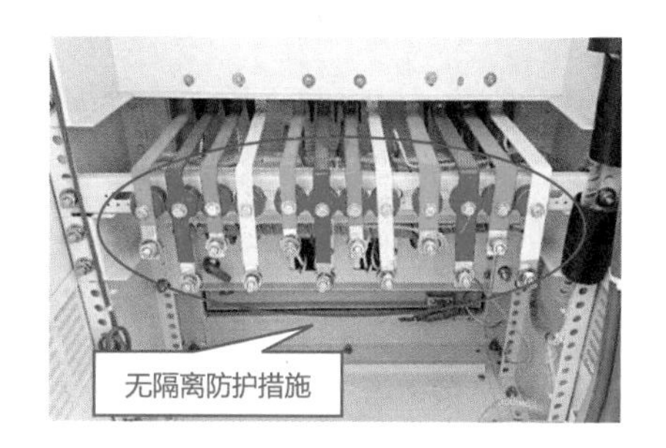

（b）带电部位无隔离防护措施图2

图3-12 XGN2-12型开关柜带电部位无隔离防护措施

◎危害分析：开关柜内带电导体未做隔离防护措施，容易造成人员误触碰带电部位从而导致人身触电。

◎整改措施：全面排查开关柜导体裸露情况，导体裸露处用热缩套包裹好。

2.GSN-T型带电显示装置功能失效

◎标准及设计要求：GB 50147-2010《电气装置安装工程 高压电器施工及验收规范》要求，高压开关柜所安装的带电显示装置应有显示、动作应正确，以保证运行人员能正确判断出线是否带电。

◎典型错误现象：某站GSN-T型带电显示装置自检时灯不亮或闪烁，如图3-13所示。

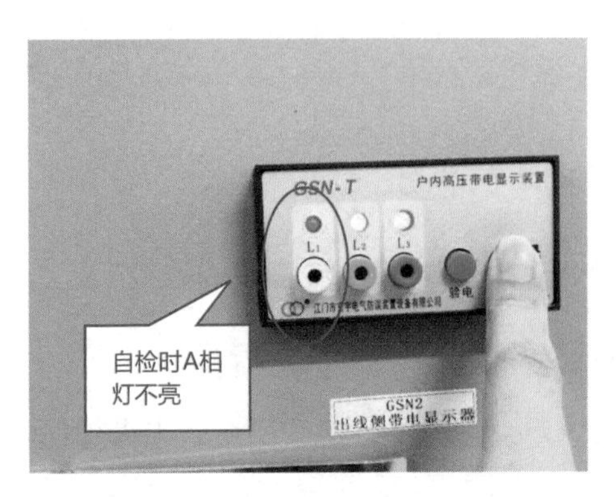

（a）带电显示装置功能失效图1

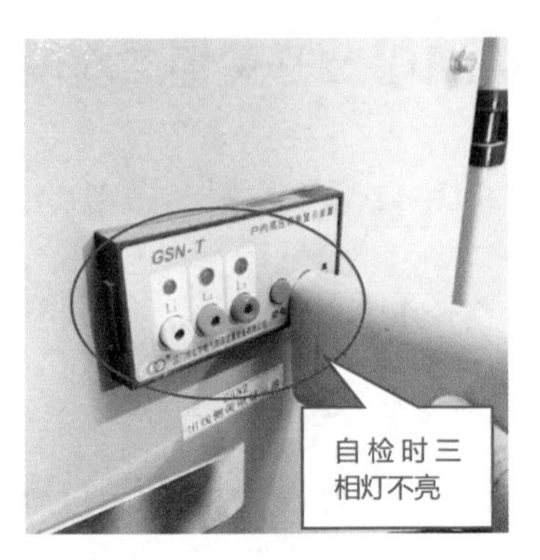

（b）带电显示装置功能失效图2

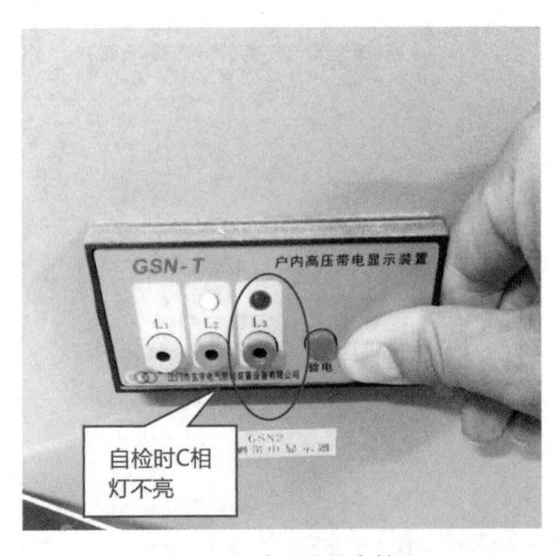

（c）带电显示装置功能失效图3

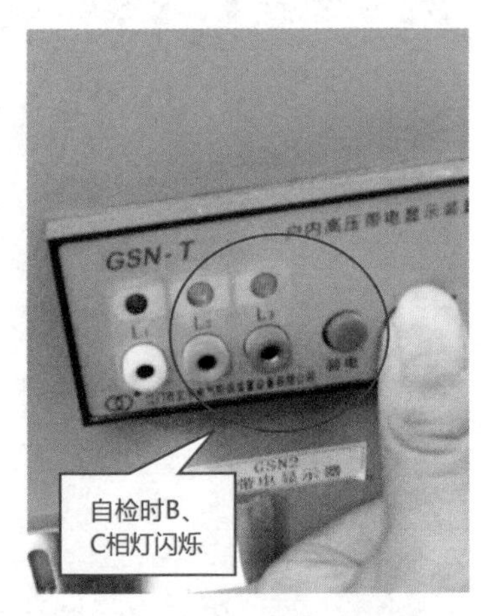

（d）带电显示装置功能失效图4

图3-13　GSN-T型带电显示装置功能失效

◎危害分析：带电显示装置功能失效，导致运行人员无法判断出线是否带电，无法作为间接验电的判断依据。

◎整改措施：排查全站开关柜带电显示装置故障情况，更换功能失效的带电显示装置。

3.XGN2-12型开关柜连接片接线与线耳压接不合格

◎标准及设计要求：GB 50171-2012《电气装置安装工程　盘、柜及二次回

路接地施工及验收规范》要求，导线与端子连接时，应压接相应规格的终端附件，以保证导线与端子连接可靠。

◎典型错误现象：某站XGN2-12型开关柜内多处连接片接线与线耳压接不合格，易松脱，如图3-14所示。

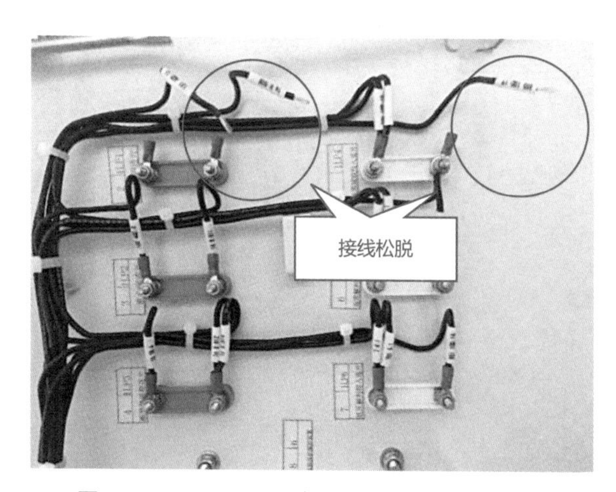

图3-14　XGN2-12型开关柜导线与线耳松脱

◎危害分析：连接片接线与线耳压接不合格，易导致连接片接线开路，使得连接片所在回路功能失效。

◎整改措施：对所有开关柜连接片接线进行全面排查，重新制作线耳并正确接线，确保接线牢固。

4.XGN2-12型开关柜保护连接片漏接线

◎标准及设计要求：GB 50171-2012《电气装置安装工程　盘、柜及二次回路接地施工及验收规范》要求，二次回路接线施工完毕后，应检查二次回路接线是否正确、牢靠，以保证回路的正确性及可靠性。

◎典型错误现象：某站XGN2-12型开关柜二次回路连接片漏接线，如图

3-15所示。

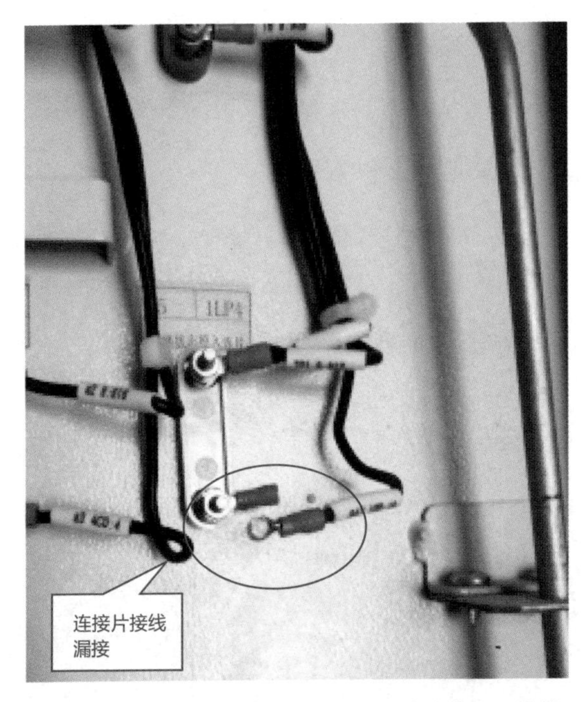

图3-15　XGN2-12型开关柜二次回路连接片漏接线

◎危害分析：连接片漏接线，导致连接片所在二次回路开路，使得该二次回路功能失效，可能导致开关拒动。

◎整改措施：全面排查开关柜连接片接线情况，对照图纸确认无误后，将遗漏的接线进行重新接线。

5.开关柜内F10-16II/W2型辅助开关备用触头导体裸露

◎标准及设计要求：GB 50171-2012《电气装置安装工程　盘、柜及二次回路接地施工及验收规范》要求，备用导体不得外露，以免长期暴露在空气中。

◎典型错误现象：某站10kV开关柜内F10-16II/W2型辅助开关备用触头直接裸露，无任何保护措施，如图3-16所示。

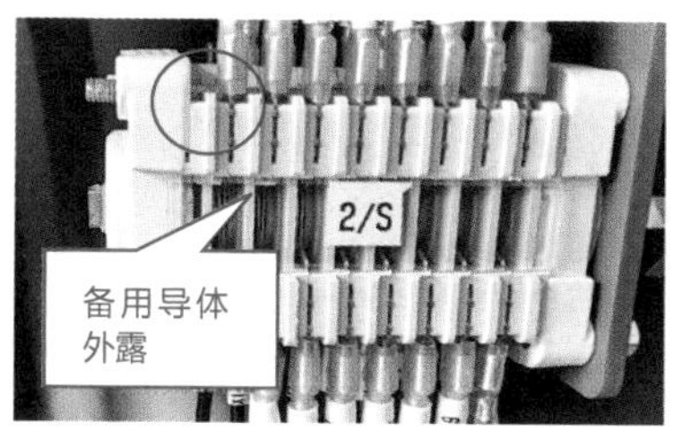

（a）备用导体外露图1

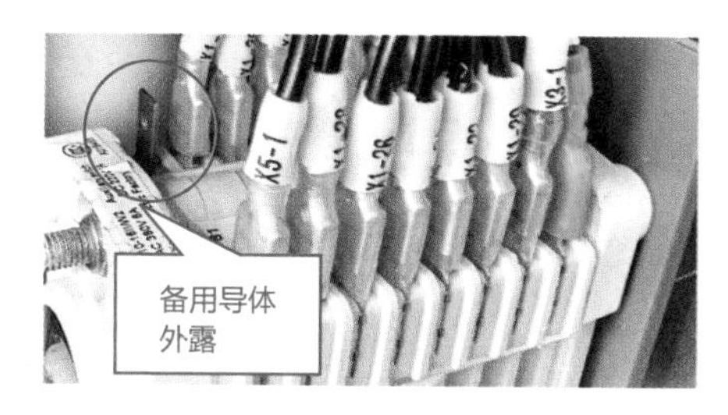

（b）备用导体外露图2

图3-16　F10-16II/W2型辅助开关备用导体外露

◎危害分析：备用触头未做保护措施，易在空气中氧化，影响该备用触头的性能，且有误触碰导致人身触电的风险。

◎整改措施：全面排查辅助开关备用触头裸露情况，使用绝缘保护套将裸露触头进行包扎，加以保护。

6.开关柜内YJLW03-Z型动力电缆备用芯线导体裸露

◎标准及设计要求：GB 50171-2012《电气装置安装工程　盘、柜及二次回路接地施工及验收规范》要求，备用芯线导体不得外露。以免长期暴露在空气中。

◎典型错误现象：某站10kV开关柜内YJLW03-Z型动力电缆备用芯线导体直接裸露，未进行包扎保护，如图3-17所示。

（a）备用芯线外露图1

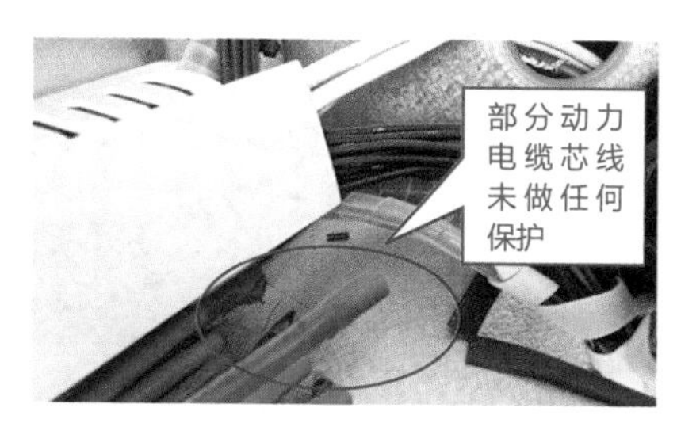

（b）备用芯线外露图2

图3-17　YJLW03-Z型动力电缆备用芯线外露

◎危害分析：动力电缆备用芯线未做任何保护直接裸露在空气中，容易与空气中水分发生氧化反应，影响电缆芯线导电性能和通流性能。

◎整改措施：使用绝缘材料将备用电缆芯线包扎，保护电缆芯线，避免发生氧化。

7.开关柜YJV-3×300型电缆线芯受损

◎标准及设计要求：GB 50171-2012《电气装置安装工程　盘、柜及二次回路接地施工及验收规范》要求，电缆芯线及绝缘不应有损伤。以免影响电缆的通流能力。

◎典型错误现象：某站10kV开关柜YJV-3×300型电缆芯线均有不同程度的受损，疑似因切割电缆绝缘表皮所致，如图3-18所示。

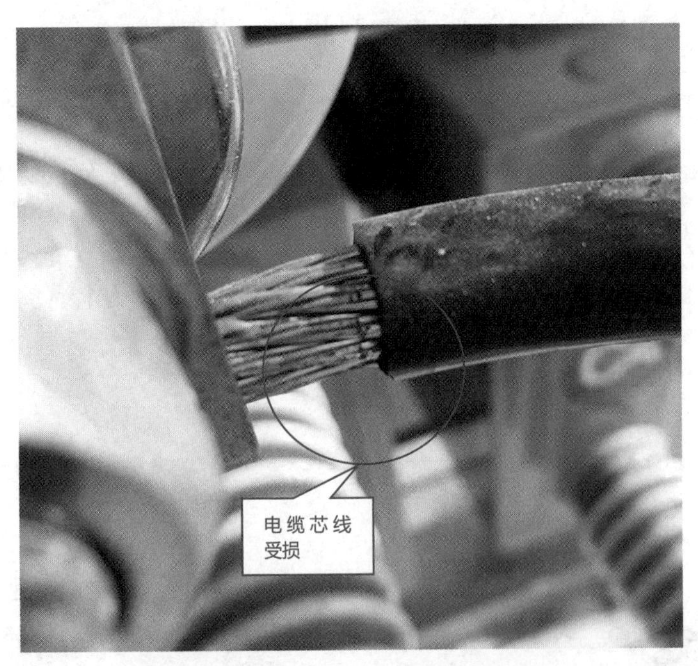

图3-18　YJV-3×300型电缆芯线受损

◎危害分析：电缆芯线受损，易出现断股，影响电缆载流能力，电缆发热可能导致发生事故。

◎整改措施：全面排查电缆芯线的受损情况，更换受损电缆。

8.XGN2-12型开关柜控制电源空气开关与标签距离过远

◎标准及设计要求：GB 50171-2012《电气装置安装工程　盘、柜及二次回路接地施工及验收规范》要求，所有二次回路标识应齐全清晰。

◎典型错误现象：某站XGN2-12型开关柜控制电源空气开关标签贴在离空气开关很远的横梁位置，如图3-19所示。

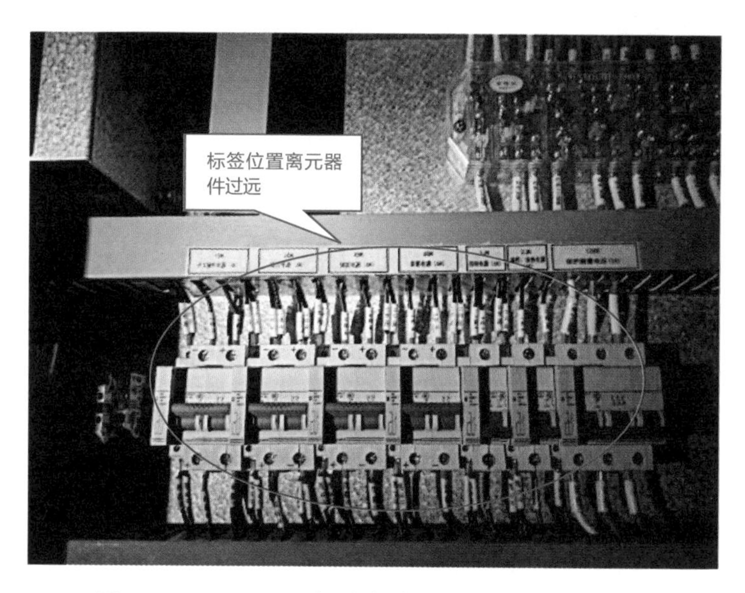

图3-19　XGN2-12型开关柜空气开关与标签距离过远

◎危害分析：标签离空气开关距离过远，标签与空气开关较难一一对应，不利于运维人员查找，可能会认错空气开关从而导致误操作。

◎整改措施：重新制作标签，将其贴在对应空气开关本体上端。

9.XGN2-12型开关柜端子排未标注编号

◎标准及设计要求：GB 50171-2012《电气装置安装工程　盘、柜及二次回路接地施工及验收规范》要求，盘、柜的端子排等应标明编号、名称、用途及操作位置，且字迹应清晰、工整，不易脱色。

◎典型错误现象：某站XGN2-12型开关柜上小母线端子排未进行标注，无法识别相应回路，如图3-20所示。

图3-20　XGN2-12型开关柜端子排未进行标注

◎危害分析：开关柜上小母线端子排未进行标注回路编号，运维人员无法直观地辨认端子的具体回路，不利于进行回路查找工作，且易查错回路。

◎整改措施：对端子排进行标识，标注各导线对应回路编号。

3.5　电流互感器、电压互感器

1.LRGBJ-110型电流互感器二次端子接地线断股

◎标准及设计要求：GB 50171-2012《电气装置安装工程　盘、柜及二次回

路接地施工及验收规范》要求，盘、柜内的导线不应有接头，芯线应无损伤、断股现象，以保证芯线的通流能力。

◎典型错误现象：某站LRGBJ-110型电流互感器二次端子接地线靠近线耳处有部分线芯已断股（此线为厂家配线），如图3-21所示。

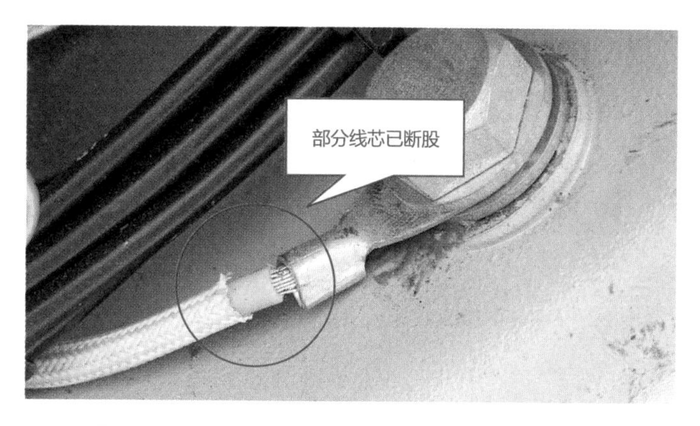

图3-21　LRGBJ-110型电流互感器导线芯线断股

◎危害分析：电流互感器二次端子接地线线芯断股，易造成接地不良，电流互感器二次回路窜入高电压时可能无法满足保护接地要求，对人身及设备造成极大的危害。

◎整改措施：全面排查电流互感器二次端子接地线线芯受损情况，统计具体数量，联系电流互感器厂家更换受损接地线。

2.LVQB-220W3型电流互感器二次电缆屏蔽层未接地

◎标准及设计要求：DL/T 5136-2012《南方电网500kV变电站二次接线标准》要求，电缆的屏蔽层应可靠接地。

◎典型错误现象：某站LVQB-220W3型电流互感器二次接线盒报警、闭锁的二次电缆（厂家配线）屏蔽层未接地，如图3-22所示。

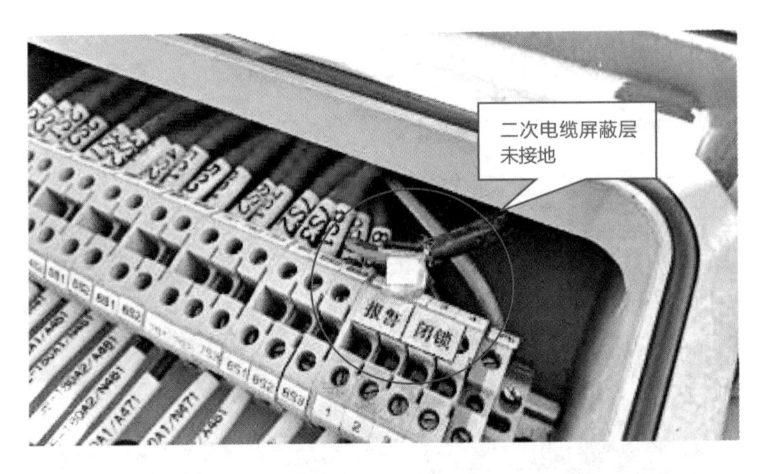

图3-22 LVQB-220W3型电流互感器二次电缆屏蔽层未接地

◎危害分析：电流互感器二次电缆屏蔽层未接地，无法屏蔽周围带电体电场对二次电缆的电磁干扰，可能会导致保护不正确动作。

◎整改措施：全面排查二次电缆屏蔽层接地问题，按规范要求整改。

3.JDQX6-220W3型电压互感器二次回路标识缺失

◎标准及设计要求：GB 50171-2012《电气装置安装工程 盘、柜及二次回路接地施工及验收规范》要求，所有二次回路接线标识应齐全清晰，方便运维人员查找二次回路。

◎典型错误现象：某站JDQX6-220W3型电压互感器二次接线盒内：

（1）二次线无相应标识牌。

（2）二次回路标识套的编号为手写，如图3-23所示。

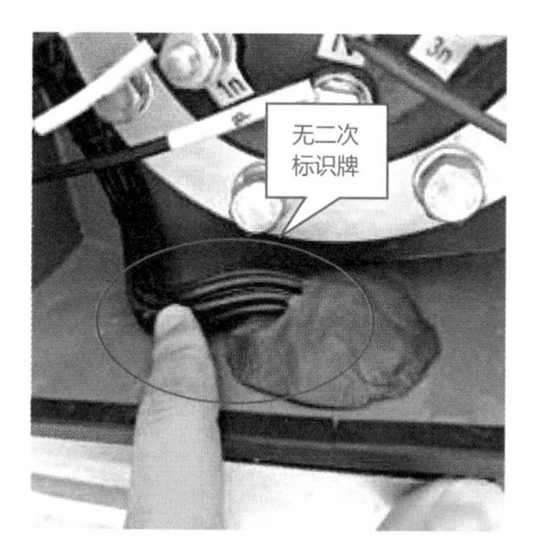

(a) 电缆无二次标识牌

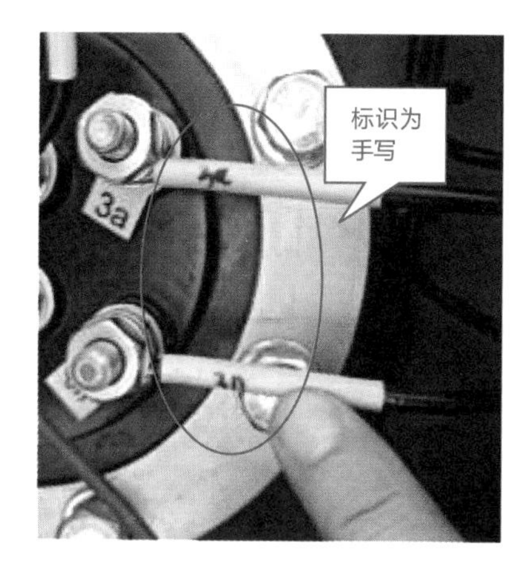

(b) 二次回路标识为手写

图3-23　JDQX6-220W3型电压互感器二次回路标识不清晰

◎危害分析：

（1）二次线无相应标识牌，无法确认电缆所属的二次回路，不利于相关回路的查找，影响日后运维及检修工作。

（2）标识套上的编号为手写，易脱色，经过长时间运行后会变得模糊不清，失去标识的意义。

◎整改措施：全面排查电压互感器二次标识不规范的情况，按规范要求制作合格的二次标识，并正确安装。

3.6　端子箱、检修箱

1.XW-1型端子箱二次接地铜排未可靠接地

◎标准及设计要求：GB 50171-2012《电气装置安装工程　盘、柜及二次回

路接地施工及验收规范》要求，盘、柜内二次回路接地应设接地铜排；屏柜接地连接线应与接地网可靠相连。

◎典型错误现象：某站XW-1型端子箱内二次接地铜排没有可靠接地，未与地网连接，如图3-24所示。

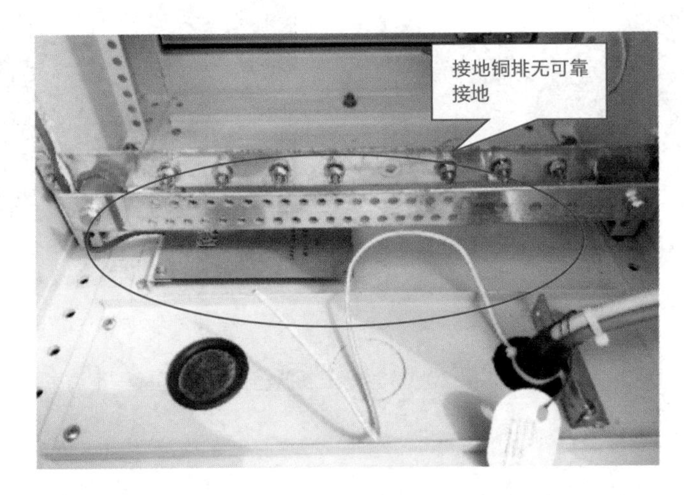

图3-24　XW-1型端子箱接地铜排未可靠接地

◎危害分析：端子箱内二次接地铜排没有可靠接地，使得二次失去接地点，严重时可能导致保护拒动或误动。

◎整改措施：将端子箱二次接地铜排与电缆沟内二次接地铜排用不小于50mm^{2}的绝缘铜导线可靠连接。

2.XW-1型端子箱加热器与电缆距离过近

◎标准及设计要求：GB 50147-2010《电气装置安装工程　高压电器施工及验收规范》要求，加热器与各元件、电缆及电线的距离应大于50mm，以免元件、电缆及电线受热导致外绝缘融化。

◎典型错误现象：某站XW-1型端子箱内加热器与电缆距离过近，不足

50mm，如图3-25所示。

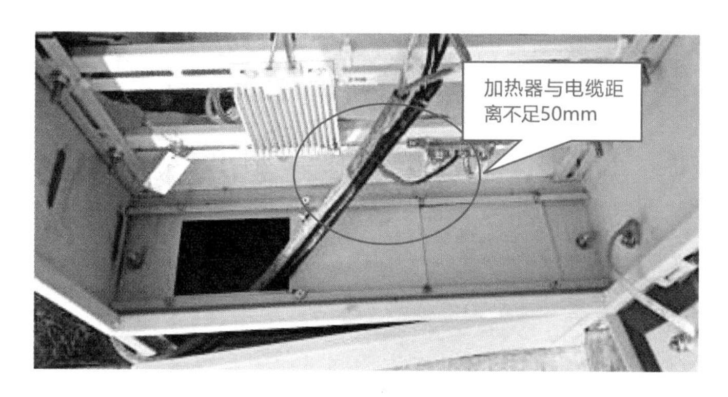

图3-25　XW-1型端子箱加热器与电缆距离不足

◎危害分析：端子箱内加热器与电缆距离过近，电缆长期受到高温影响，加速老化，严重时可能导致保护误动作。

◎整改措施：排查全站端子箱有无存在同类型问题，将该类问题按规范要求进行整改。

3.JX型检修箱无通风措施

◎标准及设计要求：GB 50147-2010《电气装置安装工程　高压电器施工及验收规范》要求，箱、柜应有通风措施。便于箱、柜进行通风和散热。

◎典型错误现象：某站JX型检修箱无任何通风孔，如图3-26所示。

（a）箱柜无通风措施图1

（b）箱柜无通风措施图2

图3-26　JX型检修箱无通风措施

◎危害分析：箱柜无透气孔，夏天高温时，箱柜内空气无法流通，热量无法散出；箱柜内元器件及电缆长期处于高温环境下，老化速度加快。

◎整改措施：在箱体顶部飘檐的底部增加通风孔，并在孔上安装不锈钢滤网。

4.JX型检修箱空气开关无标识

◎标准及设计要求：GB 50171-2012《电气装置安装工程　盘、柜及二次回路接地施工及验收规范》要求，所有二次回路接线应正确，连接应可靠，标识应齐全清晰。

◎典型错误现象：某站JX型检修箱内各空气开关及电源插座均无对应标签，如图3-27所示。

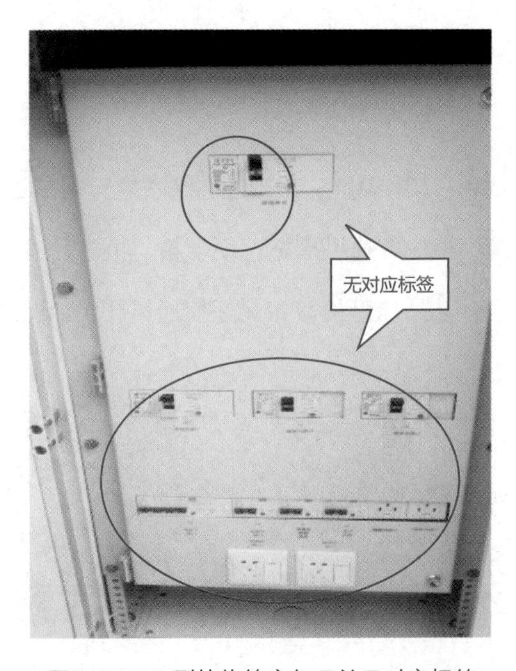

图3-27　JX型检修箱空气开关无对应标签

◎危害分析：空气开关及电源插座无对应标签，无法确定其电压等级或功能作用，可能导致工具因电压或电流不满足要求无法使用或烧坏。

◎整改措施：全面排查全站检修箱的空气开关标签缺失问题，统一贴上标有编号、电压等级及功能用途的标签。

3.7　照明系统

1.灯柱顶端未四周封口焊接

◎标准及设计要求：设计图纸要求，灯柱顶端与上板之间需要四周封口焊接，以保证照明灯安装牢固。

◎典型错误现象：某站场地所有1.7m灯柱顶端与上板之间未四周封口焊接，如图3-28所示。

图3-28　灯柱与上板未四周封口焊接

◎危害分析：灯柱顶端与上板之间未四周封口焊接易导致照明灯安装不牢固，潮气可从灯柱顶端与上板之间的缝隙进入灯柱内部，从而导致灯柱内部锈蚀。

◎整改措施：按设计图纸要求，在灯柱顶端与上板之间进行四周封口焊接。

2.灯柱直径不足

◎标准及设计要求：设计图纸要求，灯柱直径120mm，以保证灯柱的机械强度满足设计要求。

◎典型错误现象：某站场地所有1.7m灯柱直径约为114mm，与图纸要求不符，如图3–29所示。

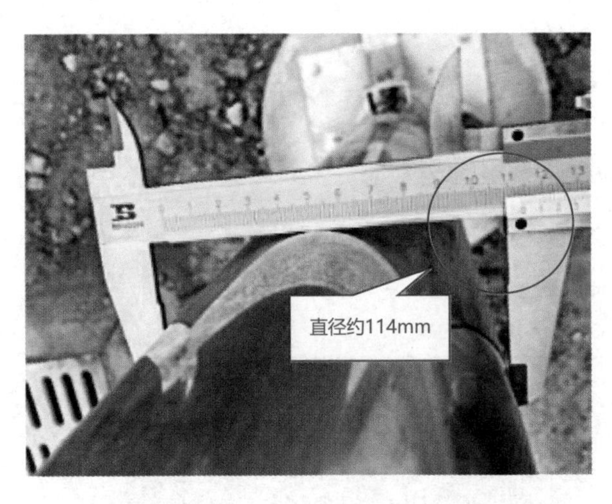

图3–29 灯柱尺寸与图纸不符

◎危害分析：灯柱尺寸与图纸要求不符，影响灯柱的机械强度，可能不满足设计的抗风要求。

◎整改措施：按设计图纸要求将现场直径114mm的灯柱更换为直径120mm的灯柱。

3.灯具数量不足

◎标准及设计要求：设计图纸要求，草坪灯A01～A43，共43盏。以保证高压场地工作时有足够的照明强度。

◎典型错误现象：某站现场只有41盏草坪灯，缺少草坪灯A33与A13，与图纸要求不符，如图3-30所示。

图3-30　照明灯数量与图纸不符

◎危害分析：部分场地未有照明系统，场地照明度不足，影响夜间设备操作及设备检修工作，易导致错误操作及检修工作无法开展。

◎整改措施：按设计图纸要求整改，在设计图纸所示位置增加草坪灯2盏。

4.照明电缆外绝缘破损

◎标准及设计要求：GB 50168-2018《电气装置安装工程　电缆线路施工及验收标准》要求，电缆外观应完好，无受损现象，以保证回路通流能力。

◎典型错误现象：某站ZMW-1型户外照明电源箱内的一根电线外绝缘破损，如图3-31所示。

图3-31　ZMW-1型户外照明电源箱线芯绝缘破损

◎危害分析：电线外绝缘破损可能会导致线芯接地或短路，使得回路功能失效；也可能会使得人员误触碰带电部分从而导致人身触电。

◎整改措施：全面排查照明电线绝缘受损情况，更换外绝缘破损的电线。

第4章 土建工程的验收

4.1　护坡

1.护坡未采用截水人字型骨架护面

◎标准及设计要求：设计图纸要求，变电站挖方边坡及填方边坡应采用截水人字型骨架护面，人形骨架纵梁截面尺寸为1000mm×450mm，其中导流沟尺寸为500mm×250mm，人字型梁横梁截面尺寸为450mm×500mm。防冲肋尺寸为250mm×150mm，骨架均采用M7.5水泥砂浆，MU30浆砌片石砌筑。

◎典型错误现象：护坡未按设计要求制作截水人字型骨架护坡，未种植草皮绿化，如图4-1所示。

图4-1　护坡未采用截水人字型骨架护坡

◎危害分析：边坡未制作截水人字型骨架，不能对边坡土方起到支护作用。坡面未种植草皮绿化，不能对边坡起到防护作用，无法减缓雨水冲刷边坡，容易导致边坡水土流失，甚至造成塌方。

◎整改措施：严格按设计图纸要求制作截水人字型骨架护坡，并种植草皮绿化。

2.护坡截水人字型骨架嵌入坡面深度不足

◎标准及设计要求：设计图纸要求，护坡截水人字型骨架截面尺寸为450mm×500mm，设置250mm×150mm防冲肋，嵌入坡面深度300mm。

◎典型错误现象：现场测量护坡截水人字型骨架嵌入坡面深度为70mm，与设计图纸要求不符，如图4–2所示。

图4–2　截水人字型骨架嵌入坡面深度不足

◎危害分析：护坡截水人字型骨架是边坡的重要组成部分，是边坡的防护、支挡措施，起到防止边坡溜坍的作用。骨架嵌入坡面深度不足，对边坡土方支挡作用不足，在汛期容易造成水土流失，人字型骨架底部空谷，边坡溜坍，甚至塌陷。

◎整改措施：严格按设计图纸要求整改。

3.护坡截水人字型骨架防冲肋宽不足

◎标准及设计要求：设计图纸要求，护坡截水人字型骨架截面尺寸为

450mm×500mm，设置250mm×150mm防冲肋。

◎典型错误现象：现场测量护坡的截水人字型骨架防冲肋宽为210mm，与设计图纸要求不符，如图4-3所示。

图4-3　截水人字型骨架防冲肋宽不足

◎危害分析：护坡截水人字型骨架是边坡的重要组成部分，如尺寸缩小，将导致骨架强度下降，在雨水的冲刷作用下，容易产生裂纹，甚至导致骨架断裂。

◎整改措施：联系施工单位、设计单位及监理单位到现场共同鉴定，重新校核护坡截水人字型骨架防冲肋宽度是否满足护坡结构的要求。如不满足，则需重新按设计图纸要求整改。

4.护坡截水人字型骨架间未设置泄水管

◎标准及设计要求：设计图纸要求，某变电站挖方边坡及填方边坡应采用截水人字型骨架护面，人形骨架内种植草皮绿化，种植草皮处采用泄水孔排水，即在护坡每段截水人字型骨架间设置一根泄水管。

◎典型错误现象：护坡每段截水人字型骨架间未设置泄水管，与设计图纸要求不符，如图4–4所示。

图4–4 护坡未设置泄水管

◎危害分析：设置泄水孔的目的是使护坡后的地下水泄出，以减小护坡后水压力，避免护坡土方不被水长时间浸泡，使护坡稳定。未设置泄水管，将影响护坡排水效果，使护坡的挡水压力增大，加剧了雨水的冲刷，无法保持水土不流失，存在坍塌的风险。

◎整改措施：按设计图纸要求整改。

5.护坡泄水孔间距过大

◎标准及设计要求：设计图纸要求，某变电站挖方边坡及填方边坡应采用截水人字型骨架护面，人形骨架内植草皮绿化，植草皮处采用泄水孔排水。泄水孔深入墙背土体内不小于1.0m，排水管间距2000mm交错布置，采用ϕ100 PVC管，外斜5%。

◎典型错误现象：现场测量护坡泄水孔间距为4000mm，与设计图纸要求不符，如图4–5所示。

（a）泄水孔间距测量

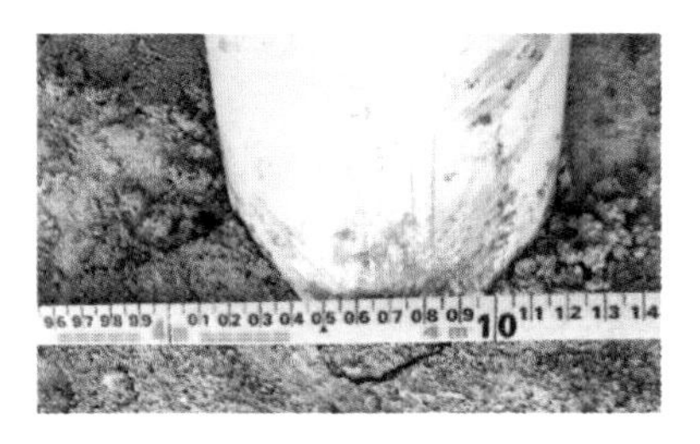

（b）测量结果

图4–5　护坡泄水孔间距过大

◎危害分析：护坡泄水孔间距过大，则泄水孔数量减少，将导致排水效果减弱，护坡的挡水压力增大，护坡存在坍塌的风险。

◎整改措施：联系施工单位、设计单位及监理单位到现场共同鉴定，重新校核护坡泄水孔间距是否满足护坡排水的要求。如不满足，则需重新按设计图纸要求整改。

6.护坡坡脚泄水孔开口上扬

◎标准及设计要求：设计图纸要求，某变电站挖方边坡及填方边坡应采用截水人字型骨架护面，人形骨架内植草皮绿化，草皮处采用泄水孔排水。泄水孔深入墙背土体内不小于1.0m，排水管间距2000mm交错布置，采用ϕ100 PVC管，外斜5%。

◎典型错误现象：现场测量护坡泄水孔开口上扬，与设计图纸要求不符，如图4–6所示。

图4–6　坡脚泄水孔开口上扬

◎危害分析：泄水孔开口上扬，容易造成尘土、杂物在泄水管内堆积，导致排水不畅，甚至堵塞泄水孔。排水效果减弱，将使护坡的挡水压力增大，护坡存在坍塌的风险。

◎整改措施：严格按设计图纸要求整改。

7.护坡泄水孔过滤包填充不当

◎标准及设计要求：设计图纸要求，护坡滤水层泄水孔内侧应采用4~5mm石头、直径$R\geqslant100$mm，2~4mm石头、50mm厚，1~2mm石头、50mm厚，粗砂50mm厚，以及用细砂填充构成排水过滤包。

◎典型错误现象：护坡滤水层泄水孔内全是石块，未设置过滤包，如图4-7所示。

图4-7　护坡泄水孔采用石块填充

◎危害分析：设置泄水孔过滤包的目的是防止排水过程中带走填土的细小颗粒。为保证反滤效果，过滤包采用碎石、粗砂、细砂的级差配合。过滤包内全是石块，将使其达不到排水不排泥（沙）的效果，存在因水土流失造成护坡坍塌的风险。

◎整改措施：按设计图纸要求整改。

8.护坡坡脚未设置滤水层

◎标准及设计要求：设计图纸要求，填方边坡采用人形骨架护面+挡土墙支挡，坡脚、坡顶均有镶嵌。骨架中间种植草皮绿化，并设置有泄水孔排水，坡脚挡土墙、护坡底部镶嵌区域设置有反滤排水系统，采用厚度150mm掺20%砂卵石回填的坡背土作为滤水层。

◎典型错误现象：坡脚镶嵌区域未设置坡背土滤水层，如图4-8所示。

图4-8　坡脚未设置坡背土滤水层

◎危害分析：滤水层是护坡工程的一个重要组成部分，主要作用是可大量贮存水分，并可通过泄水管直接排出，以防止护坡因雨季地表水渗透引起的护坡土层积水，减缓挡土墙挡水压力。坡脚镶嵌区域未设置滤水层，护坡土层积水无法及时排出。同时，容易造成坡脚底部水土流失后形成空鼓，导致坡脚坍塌。

◎整改措施：联系施工单位、设计单位及监理单位到现场共同鉴定，确认是否满足护坡结构性能的要求。如不满足，则需重新按设计图纸要求整改。

9.护坡底部镶嵌长度不足

◎标准及设计要求：设计图纸要求，填方边坡采用人形骨架护面+挡土墙支挡，坡脚、坡顶均有镶嵌。挡土墙上方的护坡底部采用浆砌片石方式镶嵌，厚度300mm，长度为2000mm。

◎典型错误现象：现场测量挡土墙上方护坡底部镶嵌长度为1800mm，与设计图纸要求不符，如图4-9所示。

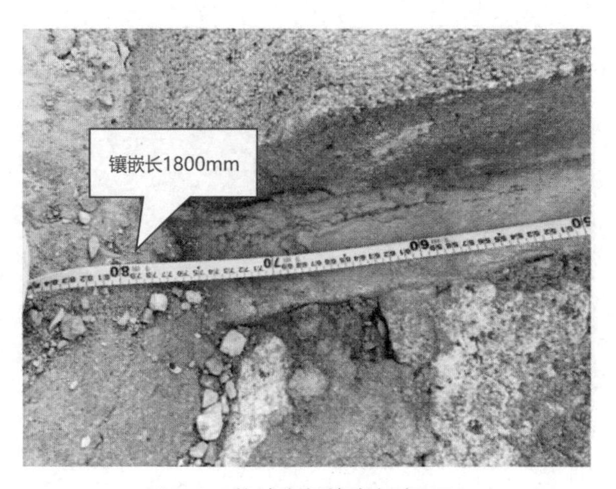

图4-9　护坡底部镶嵌长度不足

◎危害分析：护坡底部镶嵌长度不足，将引起护坡坡脚承载力不足，在护坡土层及水分堆积作用下，容易造成护坡底部镶嵌部位及护坡骨架开裂，进而影响护坡承载结构性能。

◎整改措施：联系施工单位、设计单位及监理单位到现场共同鉴定，重新校核护坡底部镶嵌尺寸是否满足护坡结构性能的要求。不满足的地方重新按设计图纸要求整改。

10.护坡坡脚排水沟宽度不足

◎标准及设计要求：设计图纸要求，填方边坡采用人形骨架护面+挡土墙支挡，坡脚、坡顶均有镶嵌，坡顶设置有截水沟平台，坡脚设有排水沟，排水沟尺寸为600mm×600mm。

◎典型错误现象：现场测量护坡坡脚排水沟宽为530mm，与设计图纸要求不符，如图4–10所示。

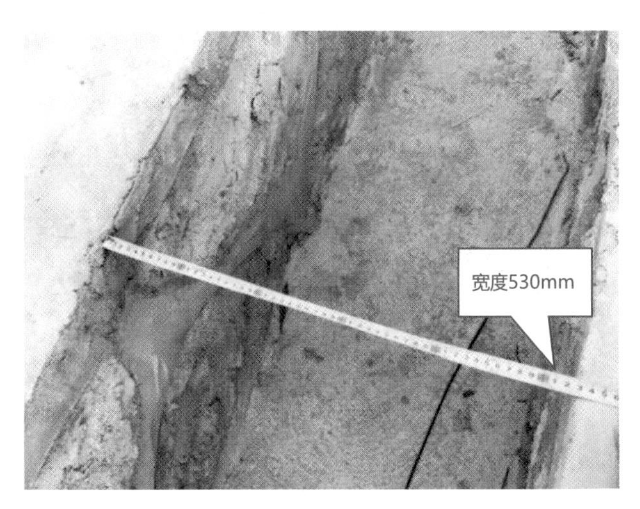

图4–10　护坡坡脚排水沟宽度不足

◎危害分析：排水沟宽度不足，将导致排水沟排水容量不足，无法满足站区排水要求，雨水聚集排水不及时，严重时将引起变电站内涝。

◎整改措施：联系施工单位、设计单位及监理单位到现场共同鉴定，重新校核护坡排水沟尺寸是否满足护坡排水的要求。如不满足，则需重新按设计图纸要求整改。

11.护坡未设置伸缩缝

◎标准及设计要求：设计图纸要求，护坡骨架梁每隔20m设一道伸缩缝，缝宽20mm，缝内采用沥青麻布进行全断面填塞，伸缩缝应设在人字梁和纵梁或跌水步梯的搭接处。

◎典型错误现象：护坡未设置伸缩缝，如图4-11所示。

图4-11　护坡未设置伸缩缝

◎危害分析：伸缩缝的作用主要是避免由于温差和混凝土收缩而使护坡结构产生严重的变形和裂缝。护坡未设置伸缩缝，将影响护坡热胀冷缩效果，容易导致护坡骨架开裂。

◎整改措施：严格按设计图纸要求整改。

4.2　给水排水系统

1.雨水检查井踏步间距过大

◎标准及设计要求：设计图纸要求，雨水检查井踏步间距为360mm。

◎典型错误现象：现场测量雨水检查井踏步间距为820mm，与设计图纸要求不符，如图4-12所示。

图4-12　雨水检查井踏步间距过大

◎危害分析：雨水检查井踏步间距过大，导致踏步数量减少，人员不便于上下雨水检查井，不利于对检查井的定期检查、清洁和疏通工作。同时，踏步间距过大，会增加攀爬过程坠落的风险。

◎整改措施：联系施工单位、设计单位及监理单位到现场共同鉴定，重新校核雨水检查井踏步间距是否满足维护检查的要求。如不满足，则需重新按设计图纸要求整改。

2.雨水检查井内壁抹面厚度不足

◎标准及设计要求：设计图纸要求，雨水检查井内壁需抹浆抹灰，抹面厚度为20mm。

◎典型错误现象：现场测量检查井内壁抹面厚度为10mm，与设计图纸要求不符，如图4-13所示。

图4-13　检查井内壁抹面厚度不足

◎危害分析：检查井内壁抹面主要是保护检查井墙体不受雨水、污水的侵蚀，提高墙面防潮、防风化、隔热的能力，提高墙身的耐久性。检查井内壁抹面厚度不足，影响防水效果，减弱检查井墙体保护作用。另外，抹面层不宜过厚。抹面层的厚度应保持在20mm以内为宜。操作时应分层、间歇抹灰，应在第一遍灰终凝后再抹第二遍，切忌一遍成活，否则抹面层容易坠裂。

◎整改措施：严格按设计图纸要求整改。

3.调节池与阀门井间池壁厚度不足

◎标准及设计要求：设计图纸要求，调节池与阀门井之间的池壁厚度应为250mm。

◎典型错误现象：现场测量调节池与阀门井之间的池壁厚度为200mm，与设计图纸要求不符，如图4-14所示。

（a）调节池与阀门井间池壁

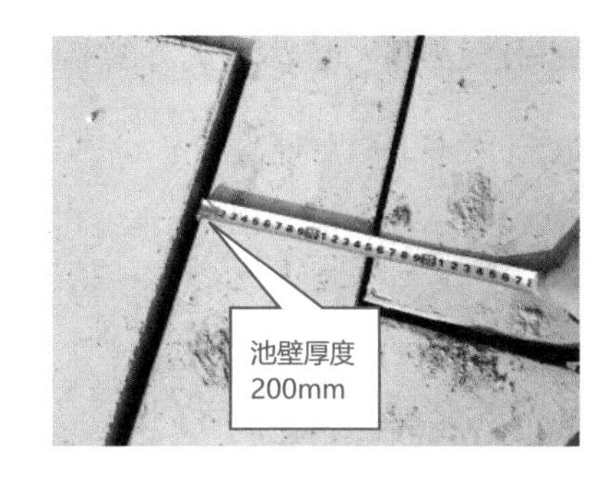

（b）池壁厚度测量

图4-14　调节池与阀门井间池壁厚度不足

◎危害分析：调节池与阀门井间池壁厚度不足，使调节池池壁的强度及稳固性降低，池壁容易开裂。

◎整改措施：联系施工单位、设计单位及监理单位到现场共同鉴定，重新校核调节池与阀门井间池壁厚度是否满足其结构性能的要求。如不满足，则需重新按设计图纸要求整改。

4.排污池的井盖板未设观察窗口

◎标准及设计要求：设计图纸要求，排污池的井盖板需设置15mm厚，尺寸为150mm×150mm的玻璃观察窗口。

◎典型错误现象：排污池的井盖板未设置玻璃观察窗口，如图4-15所示。

图4-15　排污池的井盖板未设置观察窗口

◎危害分析：排污池的井盖板未设置观察窗口，则无法对沉淀池、调节池和阀门井内部进行观测检查，不利于日常检查维护。

◎整改措施：严格按设计图纸要求整改。

4.3 热镀锌钢管

1.主变压器集油坑预埋管采用非镀锌钢管

◎标准及设计要求：设计图纸要求，主变压器集油坑至旁边的检查井间应预埋DN250的镀锌钢管，钢管在集油坑内加角钢框住内嵌铁篦子。

◎典型错误现象：靠集油坑侧埋的是镀锌钢管，直径约为DN230，靠检查井侧埋的是陶瓷管，内径约DN250，且钢管与陶瓷管之间未对接好，衔接处留有明显的缝隙，钢管在集油坑内未加角钢框住内嵌铁篦子，如图4–16所示。

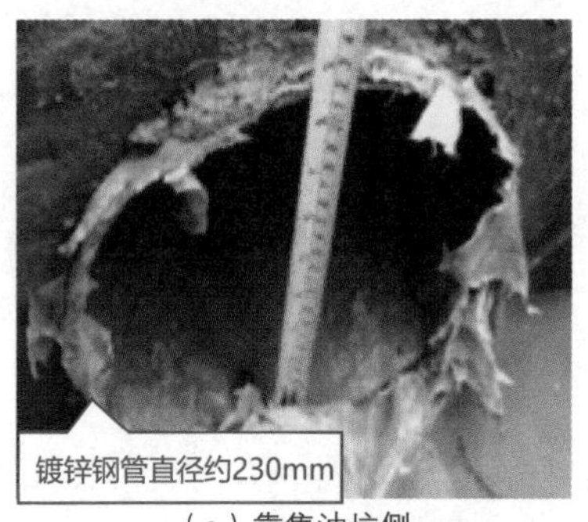

（a）靠集油坑侧

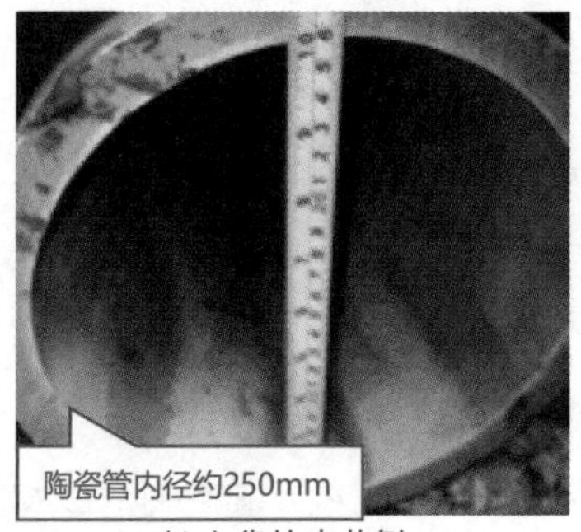

（b）靠检查井侧

（c）衔接处缝隙

图4–16　主变压器集油坑预埋非镀锌钢管

◎危害分析：陶瓷管强度不足，容易被碾压破碎，主变压器排出的变压器油从钢管与陶瓷管对接缝隙渗入土地，同时将泥沙带入检查井。钢管未加角钢框住内嵌铁篦子，故杂物容易带入排油管道中。

◎整改措施：严格按设计图纸要求整改。

2.污水管网进水管采用非镀锌钢管

◎标准及设计要求：设计图纸要求，站内污水管网进水管应采用DN300的热镀锌钢管。

◎典型错误现象：现场使用DN100的PVC管，与设计图纸要求不符，如图4-17所示。

（a）污水管网进水管管径

（b）污水管网进水管材质

图4-17　污水管网进水管采用管径不足的PVC管

◎危害分析：热镀锌钢管是表面有热浸镀锌层的焊接钢管。镀锌可增加钢管的抗腐蚀能力，延长其使用寿命。PVC管强度不足，容易老化。污水管网进水管管径缩小不满足站内排污需求，容易造成排污堵塞。

◎整改措施：需重新按设计图纸要求整改。

3.沉砂池出水管采用非镀锌钢管

◎标准及设计要求：设计图纸要求，沉砂池的出水管应采用热镀锌钢管。

◎典型错误现象：现场使用PVC管，如图4-18所示。

图4-18　沉砂池的出水管采用PVC管

◎危害分析：热镀锌钢管是表面有热浸镀锌层的焊接钢管。镀锌可增加钢管的抗腐蚀能力，延长使用寿命。PVC管强度不足，容易老化。

◎整改措施：需重新按设计图纸要求整改。

4.4　电缆沟

1.电缆沟转角未做倒角

◎标准及设计要求：设计图纸要求，电缆沟在转角处均需按电缆大样图做45°倒角。

◎典型错误现象：现场检查一次电缆沟与二次电缆沟的转角未做倒角，如图4-19所示。

（a）一次电缆沟与二次电缆沟的转角

（b）电缆沟与端子箱电缆口的转角

图4-19　电缆沟转角未做倒角

◎危害分析：电缆沟转角未做倒角，电缆敷设过程易损伤电缆、电缆转弯半径过小和造成人员割伤。

◎整改措施：按设计图纸要求整改。

2.电缆沟L型转角处未填充

◎标准及设计要求：设计图纸要求，电缆沟L型转角处应采用砌体填充，具体办法是用20mm厚的1∶2水泥砂浆压光。

◎典型错误现象：电缆沟L型转角未采用砌体填充，如图4-20所示。

图4-20　电缆沟L型转角未填充

◎危害分析：电缆沟L型转角未采用砌体填充，减小了电缆沟支架的稳定性能及承载力，电缆在转角处堆叠下垂。

◎整改措施：按设计图纸要求整改，电缆沟L型转角采用砌体填充。

3.电缆沟内扁钢未采用搭接焊

◎标准及设计要求：设计图纸要求，电缆沟内预埋的热镀锌扁钢不应有断口。非整条热镀锌扁钢之间采用搭接焊，搭接长度为扁钢宽度的2倍。

◎典型错误现象：部分电缆沟内扁钢采用对接点焊，未采用搭接焊，如图4–21所示。

图4–21　电缆沟扁钢采用对接点焊

◎危害分析：电缆沟扁钢采用对接点焊，焊接不牢固，大大减少了电缆支架的承重能力，电缆堆叠容易使扁钢脱焊，电缆支架长期受力倾斜，引起电缆下垂，损伤电缆。

◎整改措施：按设计图纸要求整改，并按要求做好防腐处理。

4.电缆沟内金属件防腐处理不规范

◎标准及设计要求：设计图纸要求，电缆沟内所有金属件焊接后，应进行防腐处理，即环氧富锌漆两道，银粉漆一道。

◎典型错误现象：电缆沟内接地线焊接处，只刷了环氧富锌漆，未见面漆（银粉漆）。部分电缆沟压顶处的角铁焊接后，未刷任何漆，与图纸不符，如图4–22所示。

图4–22　电缆沟压顶角铁焊接处防腐处理不当

◎危害分析：焊接时，产生的高温使金属件镀锌层破坏，防腐处理不当则容易引起锈蚀，减少其使用寿命。

◎整改措施：按设计图纸要求进行防腐处理。

5.电缆沟穿管封堵不严

◎标准及设计要求：设计图纸要求，施工完后需对电缆穿管，电缆沟壁及建筑物打孔等进行全面检查，一律用水泥砂浆堵塞、修补、抹灰，以防沙、泥、水进入沟、井等。

◎典型错误现象：部分电缆埋管与墙壁之间缝隙过大且未做封堵，如图

4–23所示。

图4–23　电缆埋管与墙壁之间缝隙过大且未做封堵

◎危害分析：电缆埋管与墙壁之间缝隙过大，且未做封堵，雨水作用下，沙、泥、水进入电缆沟；电缆埋管与墙壁之间缝隙大，如果电缆沟外侧回填土不规范，则小动物容易进入电缆沟，存在安全隐患；缝隙未封堵，如果发生火灾，火势容易通过缝隙蔓延，存在防火隐患。

◎整改措施：按设计图纸要求对电缆埋管与墙壁之间的缝隙进行封堵，做好防小动物措施和防火措施。

6.电缆沟内排水沟尺寸不足

◎标准及设计要求：设计图纸要求，电缆沟内排水沟尺寸为100mm×50mm。

◎典型错误现象：现场测量电缆沟内排水沟深度为40mm，如图4–24所示。

图4-24　电缆沟内排水沟尺寸不足

◎危害分析：电缆沟排水容量不足，排水不及时，造成水汽堆积。

◎整改措施：按设计图纸要求整改。

7.电缆沟排水管管口未设置格栅

◎标准及设计要求：设计图纸要求，电缆沟排水管管口应设置截污、防小动物格栅。

◎典型错误现象：电缆沟排水管管口未设置截污、防小动物格栅，如图4-25所示。

图4-25　电缆沟排水管管口无格栅

◎危害分析：电缆沟内排水管管口未设置防小动物格栅，小动物容易从排水管口进入，不满足站区防小动物要求；未设置截污格栅，无法进行排水截污，容易造成污物局部堆积，严重时将排水沟堵塞，排水不畅。

◎整改措施：按设计图纸要求在电缆沟内排水管管口设置截污、防小动物格栅。

4.5 事故油池

1.事故油池爬梯未预埋扁钢

◎标准及设计要求：设计图纸要求，事故油池爬梯处池壁两端各需预埋2块100mm×100mm×10mm扁钢，用于焊接爬梯。

◎典型错误现象：爬梯采用打膨胀螺栓固定，且螺栓是冷镀锌的，极容易被锈蚀。爬梯焊接处，无防锈底漆，只是刷了一层银粉漆，如图4–26所示。

图4–26　爬梯采用打膨胀螺栓固定

◎危害分析：采用膨胀螺栓固定方式不可靠，冷镀锌材料在户外易生锈，长久后爬梯容易松脱，人员攀爬时存在坠落的风险。

◎整改措施：联系施工单位、设计单位及监理单位到现场共同鉴定，重新校核膨胀螺栓固定方式是否满足爬梯固定的要求。如不满足，则需重新按设计图纸要求整改。

2.事故油池出水管选材不当

◎标准及设计要求：设计图纸要求，事故油池出水管处需要焊接一根排水喇叭管至事故油池底部，以实现油池排水不排油的功能。且事故油池地板平面布置图中有标示。

◎典型错误现象：事故油池出水管采用直管排水，无法实现油池排水不排油的功能，如图4–27所示。

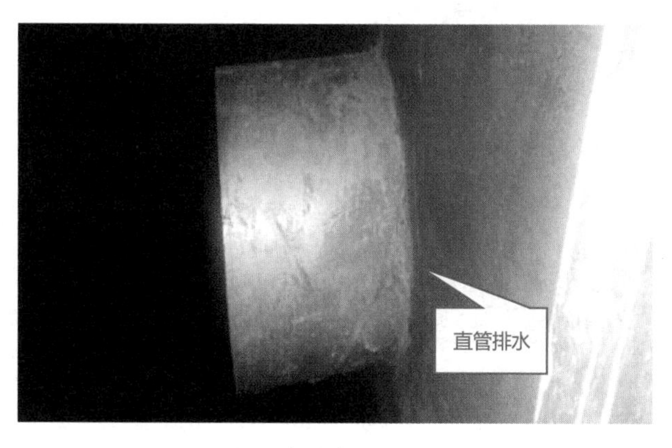

图4–27　事故油池出水管采用直管排水

◎危害分析：事故油池出水管采用直管排水，无法实现油池排水不排油的功能，油通过排水管道直接排至站外，造成环境污染。

◎整改措施：联系施工单位、设计单位及监理单位到现场共同鉴定，重新校核直管排水是否满足油池排水不排油的功能要求。如不满足，则需重新按设计图纸要求整改。同时，联系设计单位重新确认具体工艺做法。

4.6 踏步

1.沉砂池、调节池未设置踏步

◎标准及设计要求：设计图纸要求，沉砂池、调节池的多级踏步施工时应一体成型。

◎典型错误现象：沉砂池、调节池未设置踏步，如图4-28所示。

图4-28　沉砂池、调节池未设置踏步

◎危害分析：沉砂池、调节池未设置踏步， 人员无法上下沉砂池、调节池，不利于对沉砂池、调节池的定期检查、清洁和疏通工作。

◎整改措施：联系施工单位、设计单位及监理单位到现场共同鉴定，重新确定沉砂池、调节池攀爬措施。

2.检查井踏步为单竖踏步

标准及设计要求：设计图纸要求，检查井踏步应为两竖排交错安装，以便日后下井进行检查及清除淤泥的工作。

典型错误现象：检查井踏步为单竖踏步设置，如图4-29所示。

图4-29　检查井踏步为单竖踏步

◎危害分析：检查井单竖踏步人员无法上下检查井，不利于对沉砂池、调节池的定期检查、清洁和疏通工作。同时，单竖踏步增加人员攀爬过程坠落的风险。

◎整改措施：联系施工单位、设计单位及监理单位到现场共同鉴定，重新校核检查井踏步为单竖踏步问题并重新按设计图纸要求整改。

4.7　倒角

1.沉砂池、调节池转角未设置倒角

◎标准及设计要求：设计图纸要求，沉砂池、调节池顶板及底板转角处设

置倒角，配筋一体浇筑，形成钢筋混凝土框架。转角边长为200mm×200mm，内置ϕ14@300的拉筋。

◎典型错误现象：沉砂池、调节池顶板面及底板转角处未设置倒角，如图4-30所示。

（a）池壁顶板

（b）池壁底板

图4-30　沉砂池、调节池转角未设置倒角

◎危害分析：钢筋混凝土框架边墙与顶板交接处的倒角主要作用是加强顶板抗剪和改善板墙间抗弯，减少扭转应力和畸变应力，并使力线过渡比较均匀，减小次内力。沉砂池、调节池顶板面及底板转角处未设置倒角，池壁转角受力不均，承重能力减少，减小沉砂池、调节池稳定性能。

◎整改措施：联系施工单位、设计单位及监理单位到现场共同鉴定，重新校核检查沉砂池、调节池转角是否满足沉砂池、调节池结构性能的要求。如不满足，则需重新按设计图纸要求整改。

2.事故油池池壁与顶盖转角处未设置倒角

◎标准及设计要求：设计图纸要求，事故油池池壁与顶盖转角处设置倒角，并配筋一体浇筑，形成钢筋混凝土框架。转角边长为150mm×150mm，内置ϕ14@300的拉筋。

◎典型错误现象：事故油池池壁与顶盖未设置倒角，如图4-31所示。

图4-31　事故油池池壁与顶盖转角未设置倒角

◎危害分析：钢筋混凝土框架边墙与顶板交接处的倒角主要作用是加强顶板抗剪和改善板墙间抗弯，减少扭转应力和畸变应力，并使力线过渡比较均匀，减小次内力。事故油池池壁与顶盖转角未设置倒角，池壁转角受力不均，承重能力减少，减小事故油池的稳定性能。

◎整改措施：联系施工单位、设计单位及监理单位到现场共同鉴定，重新校核检查事故油池池壁与顶盖转角是否满足事故油池结构性能的要求。如不满足，则需重新按设计图纸要求整改。

4.8　钢构架支柱二次灌浆

1.10kV母线桥构架钢管柱内部未二次灌浆

◎标准及设计要求：设计图纸要求，站内10kV母线桥构架钢管柱二次灌浆完成后，在钢管底部ϕ100孔往管脚灌C20混凝土至孔口（管中混凝土从管脚至开孔处约1100mm）。

◎典型错误现象：抽查10kV母线桥支柱钢管，使用钢卷尺从孔口往下插，可以毫无障碍地插入约1100mm深度，管内未按要求灌混凝土，如图4-32所示。

图4-32　10kV母线桥构架钢管柱内部未二次灌浆

◎危害分析：构架钢管柱检测调整合格后，应尽快进行二次灌浆。二次灌浆层主要起防止构架钢管柱松动的作用。钢管柱内部未二次灌浆，在设备重量、导线牵引以及风摆作用下，钢管柱容易松动，稳固性下降。另外，钢管柱内部未二次灌浆，灌浆未封堵，钢管柱积水严重，易造成内部锈蚀。

整改措施：严格按设计图纸要求对构架钢管柱内部进行二次灌浆。

2.构架钢管柱内部未二次灌浆

◎标准及设计要求：设计图纸要求，站内220kV构架钢管柱、110kV支柱绝缘子支柱二次灌浆完成后，在钢管底部ϕ100孔往管脚灌C30混凝土至孔口。

◎典型错误现象：抽查2号主变压器构架钢管柱、220kV场地构架钢管柱、

110kV支柱绝缘子支柱，使用钢卷尺从孔口往下插，可以毫无障碍地插入约1500mm深度，表明管内未按要求灌混凝土，且管中注满水，如图4-33所示。

（a）构架钢管柱二次灌浆深度测量

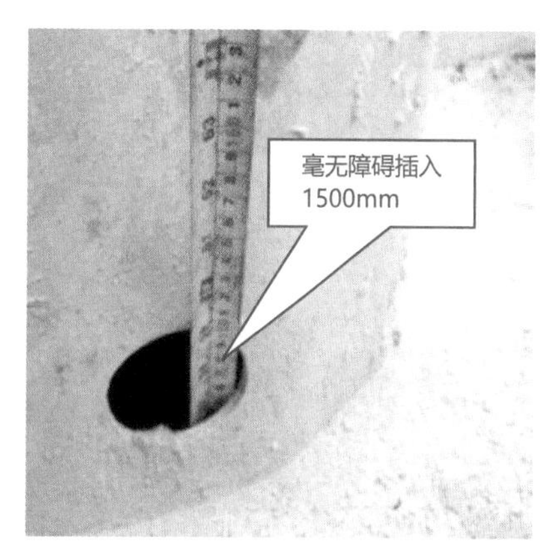

（b）二次灌浆深度结果

图4-33　220kV构架钢管柱内部未二次灌浆

◎危害分析：构架钢管柱检测调整合格后，应尽快进行二次灌浆。二次灌浆层主要起防止构架钢管柱松动的作用。钢管柱内部未二次灌浆，在设备重量、导线牵引以及风摆作用下，钢管柱容易松动，稳固性下降。另外，钢管柱内部未二次灌浆，灌浆未封堵，钢管柱积水严重，造成内部锈蚀。

◎整改措施：严格按设计图纸要求对构架钢管柱内部进行二次灌浆。

4.9　钢丝网

1.某220kV变电站主控室内墙体材质墙面未挂镀锌钢丝网

◎标准及设计要求：设计图纸要求，主控通信楼内墙面抹灰前，在不同墙体材质的交接处需钉挂ϕ1@10×10mm镀锌钢丝网固定于砖墙，钢丝网宽

300mm，其中在不同墙体两侧各150mm。

◎典型错误现象：主控通信楼内墙面砖墙与混凝土立柱结合处均未见钉挂镀锌钢丝网，不满足设计图纸的要求，如图4-34所示。

图4-34　墙面未挂钢丝网

◎危害分析：两墙体材质不同，其膨胀系数也不同。如不按设计要求钉挂钢丝网，受热胀冷缩影响，不同材质的墙体会拉扯受力，结合处容易产生裂缝，可能造成墙体抹灰层脱落。

◎整改措施：按设计图纸要求，在砖墙与混凝土立柱结合处铲除旧的抹灰层后，补挂钢丝网，再重新抹灰墙体。

2.某220kV变电站10kV高压室外墙面钉挂镀锌钢丝网规格不满足要求

◎标准及设计要求：设计图纸要求，10kV高压室四周外墙面抹灰前需满挂ϕ1@10×10mm镀锌钢丝网。

◎典型错误现象：现场在高压室伸缩缝处检查墙体所挂钢丝网规格为ϕ0.45@10×10mm，且为非镀锌网，网格已生锈，钢丝网的直径及材质与设计图纸不符，如图4-35所示。

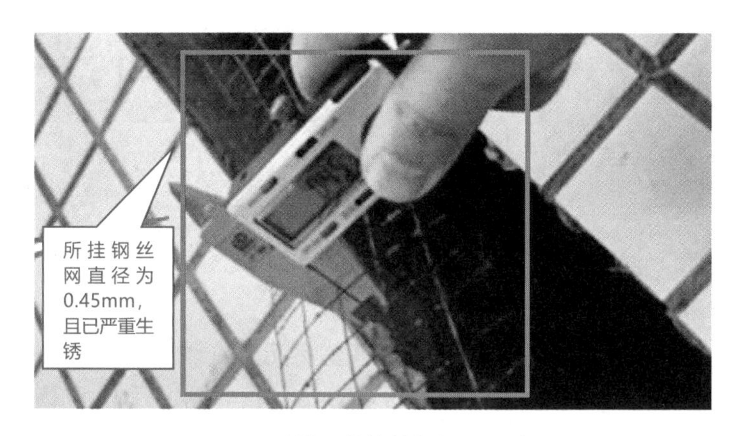

图4-35　外墙面挂镀锌钢丝网尺寸不足

◎危害分析：高压室外墙钉挂网，能使抹灰层粘得牢固，减少墙体之间拉扯受力，使墙体更安好。此处挂网不满足设计图纸要求，可能会使抹灰层不足以承受墙体之间的拉扯力，导致墙体抹灰层开裂，容易造成外墙渗水。

◎整改措施：联系施工单位、设计单位及监理单位到现场共同鉴定钢丝网是否满足要求，如不满足，按设计图纸要求整改。

3.某110kV变电站通信室内墙钉挂镀锌钢丝网不全、尺寸不足

◎标准及设计要求：设计图纸要求，通信室要求六面屏蔽，对于有六面屏蔽要求的房间，抹砂浆抹灰前应钉挂ϕ3@20×20mm规格以上的钢丝网，钢丝网需与均压带可靠连通，且不少于2处接地。

◎典型错误现象：检查通信室内墙钉挂情况，随机铲除5处内墙的抹灰层，4处未发现钉挂钢丝网，只有1处钉挂了钢丝网，且该处钢丝规格为ϕ0.4@20×20mm，现场也未见钢丝网的接地点，现场情况与设计图纸不符，如

图4-36所示。

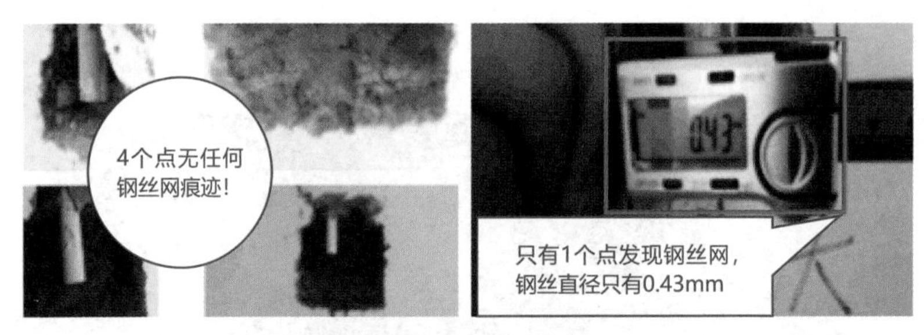

图4-36 六面屏蔽房间镀锌钢丝挂网不全、尺寸不足

◎危害分析：钢丝网缺失，会导致通信室无法可靠屏蔽干扰信号；另外，钢丝网未能可靠接地，导致其屏蔽效果大大减弱。

◎整改措施：按设计图纸要求，铲除旧的抹灰层后，补挂钢丝网，再重新抹灰墙体。

4.10 外墙防水

1.建筑物外墙饰面

◎标准及设计要求：设计图纸要求，外墙饰面贴砖须比室外地面或散水向下超贴0.1m以上，且超贴部分与外地面的变形缝填防水密封膏。

◎典型错误现象：某变电站站内建筑物外墙饰面贴砖未向下比室外地面超贴0.1m以上，变形缝处也未见防水密封膏，与设计图纸不符，如图4-37所示。

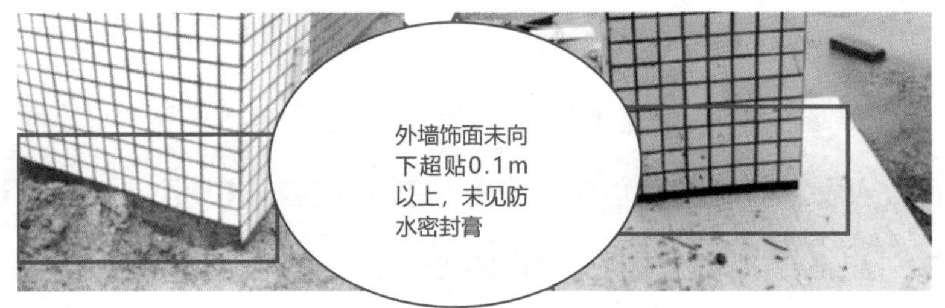

图4-37 外墙饰面向下超贴不足

◎危害分析：室外地面水会通过墙体渗至室内，容易导致室内一楼地板潮湿。

◎整改措施：按设计图纸要求整改。

2.女儿墙内侧未制作滴水线与断水槽

◎标准及设计要求：设计图纸要求，高压室、主控楼天面女儿墙内侧应制作宽50mm的滴水线。滴水线处贴两块瓷片封面，排水坡度10%。

◎典型错误现象：现场检查发现高压室、主控楼天面女儿墙内侧无滴水线、无坡度，且浇筑面凹凸不平、蜂窝状，不符合设计图纸的要求，如图4-38所示。

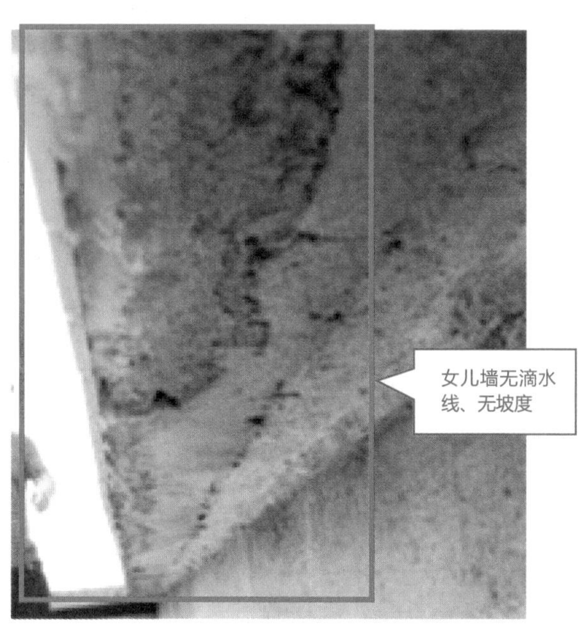

图4-38　女儿墙无滴水线、无坡度

◎危害分析：女儿墙未按要求制作滴水线、设置排水坡度，雨天时，雨水会沿着女儿墙内侧往下流，影响墙体的防水效果，同时使得墙体积污。

◎整改措施：按设计图纸要求整改。

3.建筑物外侧飘沿未设置滴水线及断水口

◎标准及设计要求：设计图纸要求，阳台封口梁、飘板、雨篷等最外侧垂直面的下方需设滴水线，滴水线宽度为半块或一块外墙砖宽度，滴水线离外墙应做50mm宽的“鹰嘴状”断口作为“断水”。

◎典型错误现象：现场检查建筑物阳台封口梁、飘板、雨篷等最外侧垂直面的下方未设置20mm宽“鹰嘴状”断水口，与设计图纸不符，如图4–39所示。

图4–39　未设置断水口

◎危害分析：建筑物外侧飘沿无断水口，雨水易倒流至飘板内侧，引起积污及发霉，影响美观。

◎整改措施：按设计图纸要求整改。

4.11　压顶

◎标准及设计要求：设计图纸要求，警传室花池顶端需制作C25细石混凝土ϕ6@200的压顶。

◎典型错误现象：现场检查花池顶端未见压顶，与设计图纸不符，如图4-40所示。

图4-40　花池未设置压顶

◎危害分析：无钢筋混凝土压顶，花池壁容易崩角、开裂，影响其使用寿命。

◎整改措施：按设计图纸要求，在花池顶端制作压顶。

4.12　门脚石

◎标准及设计要求：设计图纸要求，警传室内开外门门脚，室内门门脚需贴20mm厚花岗石板作为门脚石，其中内开外门门脚石比室外地面高20mm。

◎典型错误现象：现场检查发现建筑物房间门未按要求贴20mm厚花岗石板，只铺了普通的瓷砖，且室内外地面平齐，与设计图纸不符，如图4-41所示。

图4-41　未设置门脚石

◎危害分析：无门脚石，房间门槛位置无法起到有效挡水作用。

◎整改措施：按设计图纸要求整改，在建筑物房间门位置增加20mm厚花岗石板的门脚石。

4.13 雨水井

◎标准及设计要求：设计图纸要求，高压场地雨水口的内壁尺寸（长×宽×深）为680mm×380mm×900mm。

◎典型错误现象：现场高压场地所有雨水口内壁尺寸（长×宽×深）均为580mm×380mm×490mm，雨水口的长度及深度均不符合设计图纸的要求，如图4–42所示。

图4–42　雨水口尺寸不足

◎危害分析：雨水口的长度、宽度及深度，导致雨水口的容量减小，大大降低雨水口汇聚雨水的能力，雨天时可能因高压场地排水不及时，造成场地积水。

◎整改措施：按设计图纸要求整改，使得雨水口的容量满足设计要求。

4.14　沉降观测点

◎标准及设计要求：设计图纸要求，设计要求建筑物沉降观测点应设置ϕ10不锈钢棒保护环。

◎典型错误现象：现场所有建筑物沉降观测点未见保护环，与设计图纸不符，如图4-43所示。

图4-43　沉降观测点未设置保护环

◎危害分析：建筑物沉降观测点无不锈钢棒保护环，容易受到外力碰撞，一旦造成变形、移位，会导致测试建筑物沉降的数据不准确。

◎整改措施：按设计图纸要求整改。

第5章

接地装置的验收

5.1　主接地网

1.接地网敷设深度不足

◎标准及设计要求：设计图纸要求，主接地网的埋设深度应该为80cm（室外地面）。

◎典型错误现象：现场测量某站地网离地面深度约为60cm，不符合设计要求，如图5-1所示。

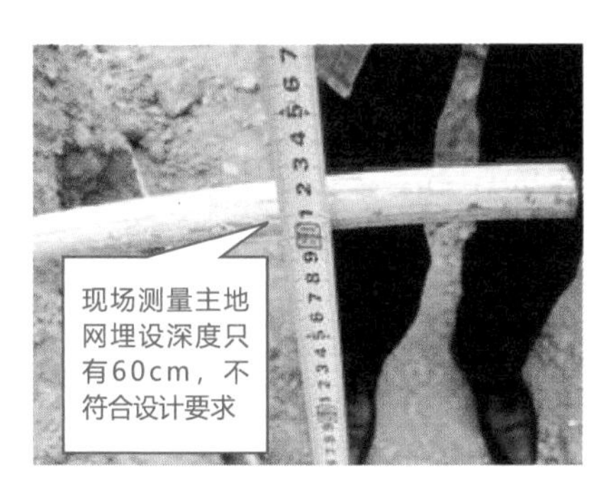

（a）主接地网埋深不足图1

（b）主接地网埋深不足图2

图5-1　主接地网埋深不符合设计图纸要求

◎危害分析：接地装置在设备发生故障或遭受雷击时提供一条低阻抗的通道，将故障电流或雷电流迅速散流，保证人身和设备安全。主接地网的接地电阻由接地网和周围土壤决定。当主接地网埋设深度不足时，接地电阻过大，故障或雷击时可能达不到快速散流的效果，对人身及设备造成较大的危害。

◎整改措施：按设计图纸要求整改，保证接地网敷设深度为80cm。

2.接地网未配置降阻剂

◎标准及设计要求：设计图纸要求，水平接地网圆钢应使用降阻剂包裹，全站降阻剂配置40t。

◎典型错误现象：某站在施工现场随机抽检的2个接地网点，现场均未发现有配置降阻剂的痕迹，如图5-2所示。

图5-2　接地网未配置降阻剂

◎危害分析：主接地网未按设计图纸配置降阻剂可能无法有效降低接地网电阻，使得接地网的接地电阻不符合设计要求，故障或雷击时可能达不到快速散流的效果，对人身及设备造成较大的危害。

◎整改措施：应严格按施工图纸、产品说明书进行：搅拌要均匀，电极应全部被降阻剂包围并有一定的厚度，覆盖土要用细土夯实，与土壤交界处的接地极要采取防腐措施，保证施工质量，充分发挥降阻剂的作用，降低接地电阻。

3.纵横接地网焊接不符合要求

◎标准及设计要求：设计图纸要求，在纵横水平接地网圆钢交叉处的应对角使用长度为L240mm、直径为ϕ16mm圆钢弯成直角卡子（共2根）进行加强焊接固定。

◎典型错误现象：某站检查现场水平接地网圆钢交叉处，只使用1根直角卡子来加强焊接，如图5-3所示。

图5-3　纵横接地网交叉处未按设计图纸要求施工

◎危害分析：纵横水平地网交叉处仅使用一根直角卡子进行焊接，将使地网的搭接长度无法满足规范要求，将大大削弱纵横地网的导通能力，采用2个直角卡子连接可保证可靠连接。

◎整改措施：按照设计要求整改，纵横地网交叉处使用两根长度为240mm、直径为ϕ16mm圆钢弯成直角卡子进行加强焊接固定，保证纵横地网搭接长度。

4.防腐措施不符合要求

◎标准及设计要求：设计图纸要求，接地网焊接处应做好防腐防锈措施，接地网焊接处需刷“环氧富锌漆（防锈底漆）+沥青漆（防腐漆）”。

◎典型错误现象：某110kV新建变电站随机抽检2个接地网点，焊接处均只涂抹了环氧富锌漆，无沥青漆，与设计图纸不符，如图5-4所示。

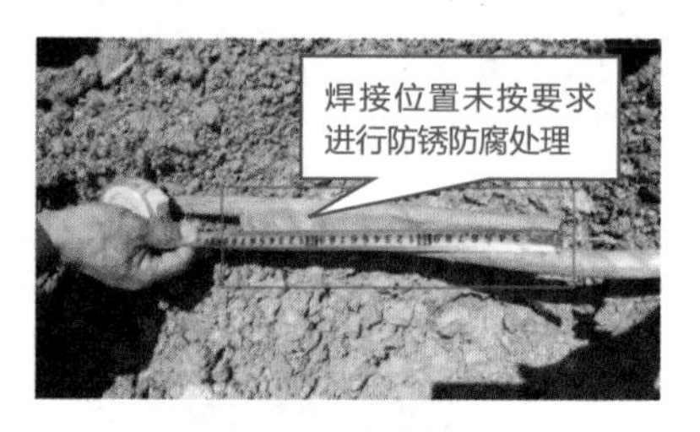

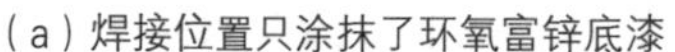

（a）焊接位置只涂抹了环氧富锌底漆　　（b）焊接位置未按要求进行防锈防腐处理

图5-4　接地网焊接部位防腐措施处理不符合设计图纸要求

◎危害分析：地网焊接部位未按照图纸要求进行防锈防腐处理，防腐效果可能达不到要求，将导致接地网焊接处容易锈蚀，影响接地效果，部分土壤腐蚀性较高的位置会导致焊接处锈断，大大减弱接地网的接地效果。

◎整改措施：接地网焊接处应按设计图纸要求做好防锈防腐处理，先刷环氧富锌漆，待其凝固后再刷沥青漆，保证接地网的防腐性能满足要求。

5.接地网未回填净土垫层

◎标准及设计要求：GB 60169-2016《电气装置安装工程　接地装置施工及验收规范》要求，在山区石质地段或电阻率较高的土质区段应在土沟中至少先回填100mm厚的净土垫层，再敷接地体，然后用净土分层夯实回填。

◎典型错误现象：某站现场山区石质地段的接地体敷设位置未预先回填100mm厚的净土垫层，不满足标准要求，如图5-5所示。

图5-5　接地体敷设位置未按要求回填

◎危害分析：未预先回填净土垫层将无法保证接地圆钢与大地可靠充分接触，使得主接地网的接地电阻不满足设计要求。

◎整改措施：按标准要求整改，先回填100mm厚的净土垫层，再敷设接地体，然后用净土分层夯实回填。

5.2　垂直接地极

1.接地极安装数量不足

◎标准及设计要求：设计图纸要求，主接地网配置有50mm × 50mm × 5mm热镀锌角钢作为垂直接地极，全站使用的数量共160根，且在图纸上标有明确的安装位置。

◎典型错误现象：某站随机抽检2个主地网点，均未发现安装有垂直接地极（图纸要求这两处位置需安装），现场情况与图纸不符，如图5-6所示。

（a）主接地网垂直接地极数量不足图1

（b）主接地网垂直接地极数量不足图2

图5-6　主接地网垂直接地极数量不足

◎危害分析：垂直接地极的数量不足会使得整个变电站的接地网接地电阻不符合设计要求，设备发生故障或雷击时可能达不到快速散流的效果，对人身及设备造成较大的危害。

◎整改措施：按照设计图纸要求，加装垂直接地极，同时需全面开展检查，图纸上要求的其他垂直接地极安装地点是否已正确安装。

2.接地极焊接位置不符合要求

◎标准及设计要求：设计图纸要求，接地网的垂直接地极（角铁）应焊接在纵横水平接地网（圆钢）的交叉处。

◎典型错误现象：某站检查现场接地网情况，垂直接地极并未焊接在纵横水平地网的交叉处，焊接地点离交叉处约40cm距离，如图5-7所示。

图5-7　垂直接地极焊接位置不满足要求

◎危害分析：将垂直接地极安装在纵横水平接地网的交叉处可以保证纵横水平接地网均与垂直接地极可靠连接，若不安装在交叉处，经过长时间的运行后，当垂直接地极至另一条非直接焊接的水平接地圆钢之间的电气连线锈断或挖断后，该水平接地圆钢将与垂直接地极完全失去连接，若在交叉处安装，可保证另一半水平接地圆钢与垂直接地极连接。

◎整改措施：按照设计要求进行整改，并全面排查主接地网的垂直接地极（角铁）应安装焊接在水平纵横接地网（圆钢）的交叉位置，保证其可靠连接。

5.3　设备接地

1.隔离开关未两点接地

◎标准及设计要求：设计图纸要求，GW22B-252D隔离开关（带接地刀闸）本体需两点接地，两点接地接至土建预设支柱上端的两处预留槽钢，再经支柱接入主地网，接地方式采用铜排与预留槽钢可靠连接，接触面必须搪锡。

◎典型错误现象：某站经现场检查，所有GW22B-252D隔离开关（带接地刀闸）本体底座与基础支架只有一点接地，与图纸不符，如图5-8所示。

图5-8　GW22B-252D隔离开关（带接地刀闸）接地不符合要求

◎危害分析：设备检修时需合上接地刀闸，此时，如隔离开关只有一点接地，则不能保证检修设备可靠接地，一旦接地点接触不良，设备的感应电压可能危害人身和设备安全。

◎整改措施：按照设计图纸要求采用双接地的方式，使铜排与预留接地端子可靠连接，并保证接触面搪锡处理。

2.钢支柱未两点接地

◎标准及设计要求：设计图纸要求，变压器中性点、220kV、110kV隔离开关、断路器、电流互感器、电压互感器、氧化锌避雷器、母线独立接地隔离开关每个支柱设两根接地引下线在不同地点与主接地网可靠焊接接地。

◎典型错误现象：某站现场所有户外设备钢支柱及设备构架均只有单根接地引下线与主接地网可靠焊接，如图5-9所示。

（a）GW22B-252D型隔离开关钢支柱单接地

（b）GW22B-126D型隔离开关钢支柱单接地

（c）220kV设备区钢构架只有1根钢构柱接地

（d）110kV设备区钢构架只有1根钢构柱接地

图5-9　设备支柱接地点不符合要求

◎危害分析：钢构架未按图纸要求安装双接地，无法确保钢构架与主接地网可靠连接，当设备检修时，无法保证检修设备接地良好。当系统故障时，其泄流能力也大大减弱。

◎整改措施：按设计图纸要求整改，将设备钢支柱及设备构架均设2根接地引下线分别接至纵横主地网，确保与主接地网可靠焊接接地。

3.接地网闭合产生环流

◎标准及设计要求：GB 60169-2016《电气装置安装工程　接地装置施工及验收规范》要求，为避免干式空心电抗器的强磁场对周围铁构件的影响，周围的铁构件不应构成闭合回路，以免产生涡流引起发热，所以采用金属围栏时，金属围栏应设置明显断开点，不应通过接地线构成闭合回路。

◎典型错误现象：某站10kV电容器组内的串联电抗器接地网形成闭合环网，如图5-10所示。

（a）电抗器周围铁构件形成环网1

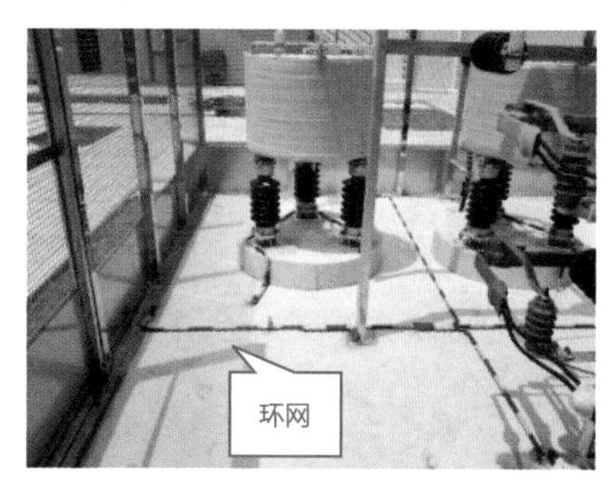

（b）电抗器周围铁构件形成环网2

图5-10　10kV电容器组接地线形成闭合环网

◎危害分析：串联电抗器的接地线形成闭合回路，在电抗器磁场的电磁感应作用下，闭合回路将产生涡流，引起接地线严重发热，存在安全隐患。

◎整改措施：按照规范要求整改，将10kV电容器组内串联电抗器接地线闭合回路设置断口，确保地线不形成闭合回路。

4.开关柜接地焊接未做防锈措施

◎标准及设计要求：设计图纸要求，高压室内钢质加工体焊接后，焊接处应做好防锈处理：环氧富锌漆（防锈底漆）+银粉漆（面漆）。

◎典型错误现象：某站XGN2-12型开关柜下方的电缆沟内壁上的接地扁钢焊接处无任何防锈措施，部分焊接处已开始生锈，如图5-11所示。

（a）钢材焊接后未做防锈措施图1

（b）钢材焊接后未做防锈措施图2

图5-11 钢材焊接后未做防锈措施

◎危害分析：接地扁钢焊接处的镀锌层已被破坏，未做防锈措施将导致焊接处失去保护，暴露在空气中易产生锈蚀，影响设备的接地效果。

◎整改措施：按图整改要求在焊接处进行防锈处理：环氧富锌漆（两道）+银粉漆，在做防腐措施之前应将焊缝处的焊渣清理干净。

5.开关柜无铜钢过渡板

◎标准及设计要求：设计图纸要求，高压室每排开关柜两侧需设置铜钢过渡板（开关柜地板浇筑前预埋），一侧与开关柜铜排相连，另一侧通过暗敷扁钢与环形接地母线相连。

◎典型错误现象：某站XGN2-12型开关柜两侧未见铜钢过渡板。开关柜内铜排接地：使用黄绿线接到电缆沟边的扁钢上（扁钢为电缆支架接地用，预埋在为电缆沟壁处），开关柜内铜排接地的地点、方法与设计不符，如图5-12所示。

（a）未见有铜钢过渡板预埋

（b）开关柜接地线焊接到电缆沟扁钢

（c）未见有铜钢过渡板预埋

（d）开关柜两侧无铜钢过渡板

图5-12　XGN2-12型开关柜未预埋铜钢过渡板

◎危害分析：开关柜两侧预埋铜钢过渡板是为了确保开关柜的接地铜排接地可靠，以保证设备的正常运行。若无铜钢过渡板，铜、钢接触面处容易氧化，导致其接触电阻增加，造成设备接地不可靠。

◎整改措施：按设计图纸要求，加装铜钢过渡板，以确保设备可靠接地。

5.4 二次接地设备

1.环形接地小母线离墙间隙过大

◎标准及设计要求：设计图纸要求，主控楼内继保室及电缆室、高压室设置的环形接地小母线沿墙明敷，敷设位置离地面200mm，距墙壁间隙10mm。

◎典型错误现象：某站环形接地小母线离墙壁间隙过大，部分段距墙壁间隙大大超过10mm，如图5-13所示。

（a）环形接地小母线多处转弯处扁钢与墙的间隙过大图1

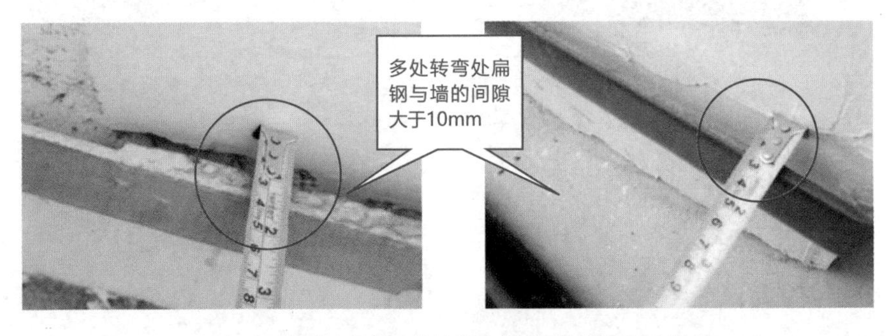

（b）环形接地小母线多处转弯处扁钢与墙的间隙过大图2

图5-13　接地小母线离墙壁间隙过大

◎危害分析：环形母线离墙壁间距过大，母线固定不牢靠，且容易遭受人员或物品的磕碰，可能导致环形母线遭受破坏甚至断裂，降低二次设备接地效果。

◎整改措施：按设计图纸要求整改。环形接地小母线离墙壁间隙整改至10mm。

2.环形接地小母线拉爆螺栓间距过大

◎标准及设计要求：设计图纸要求，主控楼内继电器及电缆室环形接地小母线，接地小母线扁钢明敷56mm×6mm（扁钢采用拉爆螺栓支撑，间距1.5m，转弯0.4m），离地面200mm，距墙壁间隙10mm，接地小母线通过ϕ20热镀锌圆钢与主电网连接。

◎典型错误现象：某站现场环形接地小母线多处转弯处距离墙壁的间隙大于10mm，转弯处拉爆螺栓间距约为1m（设计图纸值为0.4m），部分拉爆螺栓未植入墙壁，如图5-14所示。

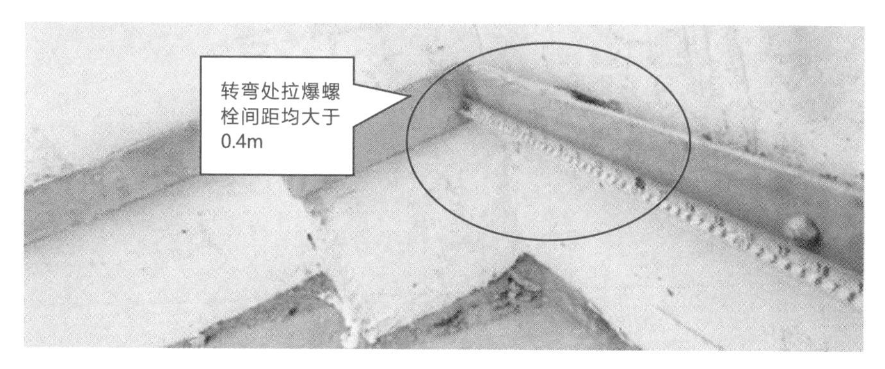

图5-14　环形接地小母线安装不符合要求

◎危害分析：固定环形接地母线的拉爆螺栓间距过大，将导致环形接地母线固定不牢靠，时间长了容易脱落变形，甚至可能造成环形母线遭受破坏导致断裂，降低二次设备接地效果。

◎整改措施：按设计图纸要求整改，保证环形接地小母线固定的拉爆螺栓间距符合要求。

5.5 避雷针

◎标准及设计要求：GB 50169-2016《电气装置安装工程　接地装置施工及验收规范》要求：电气装置安装工程接地装置应按设计要求施工完毕，外观应完整良好。

◎典型错误现象：某站独立避雷针“脊梁”圆钢有两处明显向内弯曲变形，避雷针整体倾斜，如图5-15所示。

（a）避雷针倾斜

（b）避雷针变形

图5-15　避雷针倾斜及变形

◎危害分析：避雷针部件变形会导致避雷针结构机械强度下降，“脊梁”圆钢变形导致避雷针整体倾斜，重心偏移，这将严重影响该避雷针抗风能力及抗震能力。

◎整改措施：需联系厂家、设计单位、施工单位及监理单位到现场勘查鉴定，如不满足要求，则需更换新的避雷针。

第6章

消 防 验 收

6.1　防水套管

1.预埋位置

◎标准及设计要求：设计图纸要求，消防水池西面墙一侧应预埋DN25柔性防水套管（A型）2个，上部套管中心标高4.43m，下部套管中心标高-0.15m。

◎典型错误现象：现场消防水池西面墙一侧并未按图纸要求预埋相应的柔性防水套管，如图6-1所示。

图6-1　消防水池未见预埋防水套管

◎危害分析：管道穿过有防水要求的墙面时须设置防水套管，主要作用为优化管道部位防水构造，便于防水层施工时的细部处理，避免温度等应力对防水层的破坏，保持防水层的整体性。若现场未按要求预埋防水套管，则可能导致消防水池在管道穿过的地方渗漏水。

◎整改措施：按图纸要求进行整改，管道穿墙处需预埋防水套管，若现场无法按照要求整改，应联系设计单位和施工单位到现场核实，拟定整改方案。

2.预埋数量

◎标准及设计要求：设计图纸要求，消防水池进出水管墙体应预埋DN100柔性防水套管（A型）1个，套管中心标高4.61m；以及预埋DN25柔性防水套管（A型）1个，套管中心标高-4.375m。

◎典型错误现象：现场发现消防水池进出水管墙体只有一个预留孔，且未按图纸要求预埋相应防水套管，如图6-2所示。

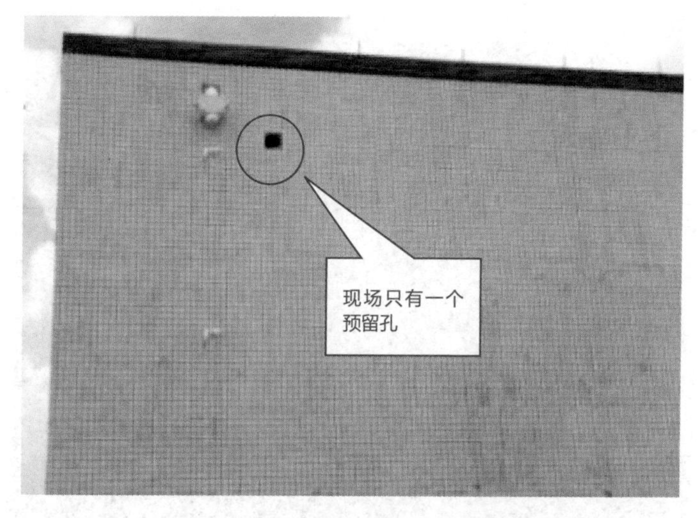

图6-2　消防水池未见预埋防水套管

◎危害分析：管道穿过有防水要求的墙面时须设置防水套管，主要作用为优化管道部位防水构造，便于防水层施工时的细部处理，避免温度等应力对防水层的破坏，保持防水层的整体性。若现场未按要求预埋防水套管，则可能导致消防水池在管道穿过的地方渗漏水。

◎整改措施：按图纸要求进行整改，管道穿墙处需预埋防水套管，若现场无法按照要求整改，应联系设计单位和施工单位到现场核实，拟定整改方案。

3.套管类型

◎标准及设计要求：设计图纸要求，水泵房与水池之间应预埋柔性防水套管DN150。

◎典型错误现象：现场发现防水套管为刚性防水套管，且穿墙处的消防管道未做好防锈处理，如图6-3所示。

（a）穿墙套管为刚性套管

（b）穿墙套管锈蚀严重

（c）穿墙套管非柔性防水套管

图6-3　防水套管类型未按照图纸要求施工

◎危害分析：消防系统的给水管在正常给水运行过程中将会发生振动，且消防水泵和消防水池位于独立基础上时，由于沉降不均匀，可能造成消防水泵吸水管承受内应力，最终应力加在消防水泵上，将会造成消防水泵损坏，因此，需使用柔性防水套管起到隔振作用，避免消防水池池壁产生裂缝。

◎整改措施：现场预埋的刚性防水套管并无减振隔振的作用，因此，不符合要求，但是预埋的套管难以更换，重新更换将对消防水池的整体防水构造进行破坏，因此，可以在消防水泵的吸水管处增设柔性接头，以起到隔振减振作用。

4.阻燃材料

◎标准及设计要求：设计图纸要求，消防管道穿过墙壁和楼板，应设置套管，套管的材料采用热镀锌钢管，套管应符合下列要求：

（1）安装在楼板内的套管，其顶部应高出装饰地面20mm，底部与楼板地面相平，套管与管道之间缝隙应用阻燃密实材料和防水油膏填实。

（2）安装在墙壁内的套管其两段与饰面相平，管道与套管之间的缝隙应采用阻燃密实材料填实，且断面光滑。

（3）管道的接口不得设置在套管内。

◎典型错误现象：现场检查发现主控楼女儿墙穿墙管道均未安装套管，主控楼天面至二楼的安装套管未见阻燃密实材料和防水油膏填实，如图6–4所示。

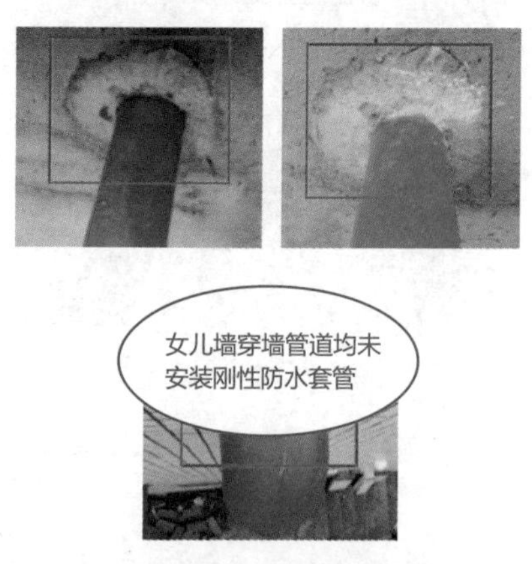

（a）未按要求安装刚性防水套管

图6–4　消防管道套管未按要求施工（一）

（b）套管与管道之间未按要求填充阻燃材料

图6–4　消防管道套管未按要求施工（二）

◎危害分析：

（1）管道穿过有防水要求的墙面时须设置防水套管，主要作用为优化管道部位防水构造，便于防水层施工时的细部处理，避免温度等应力对防水层的破坏，保持防水层的整体性。若现场未按要求预埋防水套管，则可能导致消防水管在穿墙处发生渗漏水。

（2）管道与套管之间的缝隙应采用阻燃密实材料填实，一方面，当发生火灾时，火会蔓延；另一方面，水管与套管之间无实木材料缓冲，失去有效隔振。同时如无密实材料填充，会影响墙体的整体美观。

◎整改措施：按照图纸要求整改，管道穿墙处未采用穿墙套管的应增设，管道敷设好后采用阻燃密实材料将管道与套管之间的缝隙填实。

6.2 消防管道防腐

1.管道螺纹防腐

◎标准及设计要求：设计图纸要求，消防管道保护属于加强级防腐，镀锌层破坏后必须进行二次镀锌或刷环氧富锌漆防腐；$DN \leqslant 100$mm的管道采用镀锌钢管螺纹连接，套丝扣时破坏的镀锌层表面及外露螺纹部分应做防腐处理。

◎典型错误现象：变电站主变压器区域水喷雾系统的管道焊接或开牙后，未做任何防锈防腐措施就马上安装，如图6-5所示。

图6-5　消防管道未按要求做防锈防腐措施

◎危害分析：管道内壁的锈蚀物沉积，将提高管壁摩阻系数，减少管道有效截面，降低管道通过水等灭火剂的能力，甚至堵塞管路。在自动喷水灭火系统中，锈蚀物沉积可能堵塞喷头，或者使其达不到设计的喷水强度，影响系统的灭火功能。同时，管道表面的热镀锌保护层被破坏，管道易生锈，减少其使用寿命。

◎整改措施：表面镀锌层被破坏的管道（特别是开牙、焊接处的内外部分），已经生锈的位置，必须在除锈后进行二次镀锌或刷两道环氧富锌漆，才能安装。

2.埋地管道防腐

◎标准及设计要求：设计图纸要求，消防管道保护属于加强级防腐，埋地的消防管道必须至少进行“两油一布”处理。两油一布指的是一层防水沥青，再一层防水卷材，再一层防水沥青。

◎典型错误现象：现场检查已制作好的暗埋消防管，其表面的环氧沥青油厚度不够，表面包裹的麻布容易脱落，如图6-6所示。

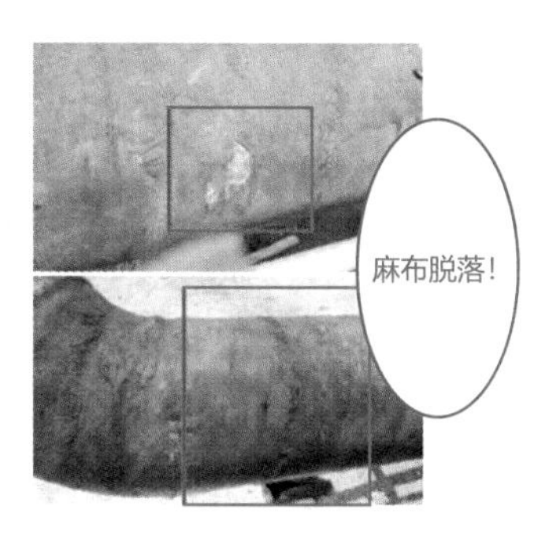

（a）麻布脱落

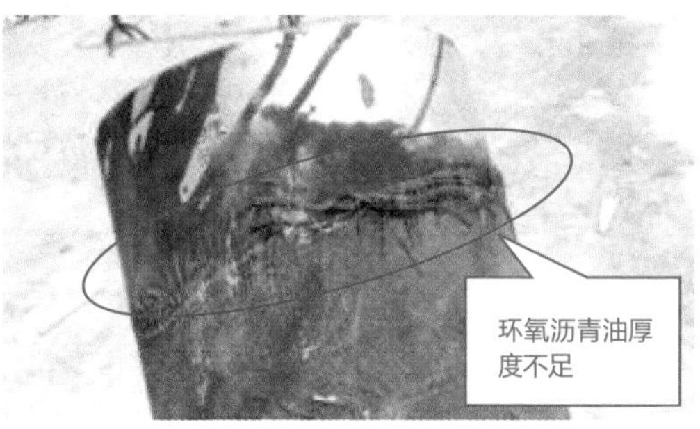

（b）沥青涂抹不足

图6-6　消防管道未按要求做防锈防腐措施

◎危害分析：腐蚀使消防管道的有效管壁厚度减小，降低管道原有的承压能力，甚至低于设计压力的要求。一旦使用该消防管道系统，高压管段可能爆裂，产生意想不到的严重后果。

◎整改措施：严格按照设计图纸要求，对暗敷埋地管道进行“两油一布”处理，确保埋地管道的防腐性能达到要求。

3.明装管道防腐

◎标准及设计要求：设计图纸要求，明装金属管道除锈后，应先刷两道红丹防锈漆，再刷两道醇酸磁漆，但由于“红丹”不环保，防锈效果一般，不建议刷红丹作为底漆，建议用环氧富锌漆。

典型错误现象：明装消防管道脱漆严重。检查全站消防管道均未刷环氧富锌底漆。消防管道上的螺丝、金属部件大部分为非热镀锌材料，且未做任何防锈措施，如图6–7所示。

（a）管道无防锈底漆

（b）管道无防锈底漆、脱漆严重

（c）管道脱漆严重、无防锈底漆

（d）管道无防锈底漆、脱漆严重

（e）管道无防锈底漆

（f）管道无防锈底漆

图6–7　明装消防管道未按要求做好防锈（一）

（g）管道阀门生锈

（h）管道金属构件生锈严重

（i）管道螺丝生锈严重

图6-7　明装消防管道未按要求做好防锈（二）

◎危害分析：消防管道锈蚀，在关键时候无法发挥作用，造成更大的人员和设备损失，在充满灭火剂的消防管道中，局部锈蚀穿孔，灭火剂外流，可能造成污染或者其他损失和事故。

消防管道系统的阀件锈蚀无法开启，水泵电动机生锈不能运转，比例式减压阀渣滓沉积卡堵，将造成整个灭火系统瘫痪，发挥不了应有的作用。

◎整改措施：按设计要求整改，同时将全站管道的螺丝更换为热镀锌螺丝，同时管道部件应按照要求做好防腐防锈处理，确保管道不受环境腐蚀。

4.埋地管道防腐及覆土要求

◎标准及设计要求：设计图纸要求，所有埋地管道均应进行“二油一布”防腐处理；管顶覆土应为0.7～1m；所有地埋钢管应进行加强级防腐，刷漆总厚度为3mm；按照新技术要求，由于红丹不环保，且防锈效果不佳，不建议使用红丹作为防锈底漆，建议使用环氧富锌漆。

◎典型错误现象：检查现场埋地的消防管，无“两油一布”防腐处理。按设计要求，户外消防水管管顶覆土为0.7～1.0m，现场测量约40cm，且在暗装管道上方无任何加固措施，如图6–8所示。

（a）埋地管道覆土深度

（b）埋地管道覆土情况

（c）埋地管道防腐处理情况

图6–8　埋地管道覆土及防腐未达到要求

◎危害分析：

（1）腐蚀使管道的有效管壁厚度减小，降低管道原有的承压能力，甚至低于设计压力的要求。一旦使用该消防管道系统，高压管段可能爆裂，产生意想不到的严重后果。

（2）消防管道覆土不够容易受到外部荷载破坏，如车辆碾压等。

◎整改措施：按设计图纸要求整改，将消防管道的覆土加厚或对管道采取加固措施，同时严格按照“两油一布”的要求对管道进行防腐。

6.3　消防水池

1.水位计

◎标准及设计要求：GB 50974–2014《消防给水及消火栓系统技术规范》要求，消防水池的水位显示仪表外观应完整无损伤。

◎典型错误现象：消防水池水位计玻璃管已经开始松脱（玻璃胶粘贴），管内存在淤泥，且管内无观察水位的浮标；水位计底部未设放水阀，原安装的阀门已经严重生锈，且没有排水功能，如图6–9所示。

（a）消防水池水位计阀门生锈

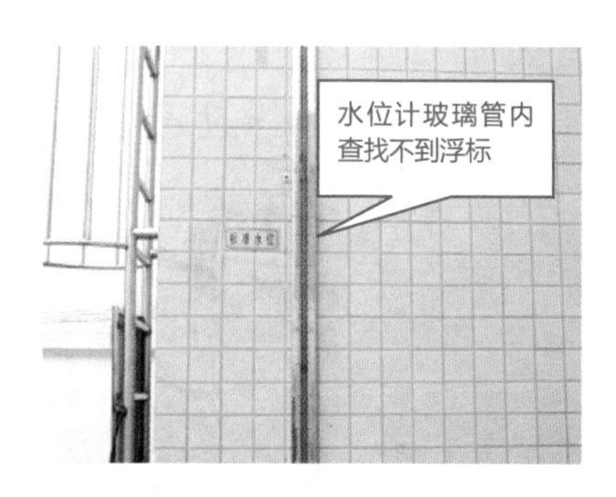

（b）水位计玻璃管无浮标

图6–9　消防水池水位计缺陷（一）

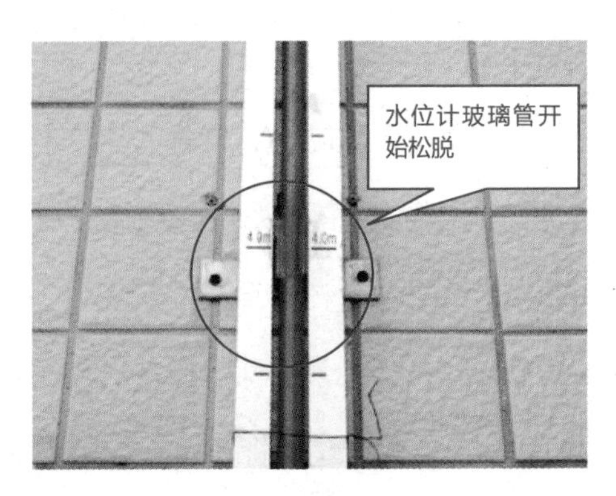

（c）水位计玻璃管松脱

图6-9　消防水池水位计缺陷（二）

◎危害分析：以上情况使得水位计极容易形成假水位，运行人员及维保人员无法分辨消防水池水位的真实情况，若水池水位已空仍未及时发现，在火灾时不能及时救火将造成严重的危害。

◎整改措施：按消防要求更换水位计，其内的玻璃管应牢固地固定在水位计的标尺上，底部重新安装放水阀。

2.检查孔

◎标准及设计要求：设计图纸要求，消防水池检查孔加盖用铁板，并预埋好相应的预埋件。所有预埋件均需与板筋焊牢。

◎典型错误现象：消防水池天面无检查孔，与图纸不符，如图6-10所示。

图6-10　消防水池天面无检查孔

◎危害分析：人员无法观察消防水池内部情况，增加对消防水池维护的难度。

◎整改措施：按图整改增加检查孔，同时应增设水池内部的爬梯，方便人员上下检查。

3.消防爬梯及盖板安装

◎标准及设计要求：GB 50141-2008《给水排水构筑物工程施工及验收规范》要求，消防水池的梯道、平台、栏杆、盖板等细部结构安装应稳固可靠。

◎典型错误现象：消防水池爬梯的固定螺丝已经完全生锈，严重影响该爬梯的承重能力，危及上下爬梯人员的安全。消防水池顶部水池盖把手十分靠近消防水池墙体边缘，且水池盖使用的材料为钢板，质量达40kg以上，检查人员开启及关闭水池盖时容易发生坠落，存在安全隐患。水池盖边缘粗糙不堪，未打磨平整，容易刮伤人体。消防水池顶部水池盖固定螺丝及其他焊接处已生锈，无防锈处理。水池盖基础四周无防踏空警示标识，如图6-11所示。

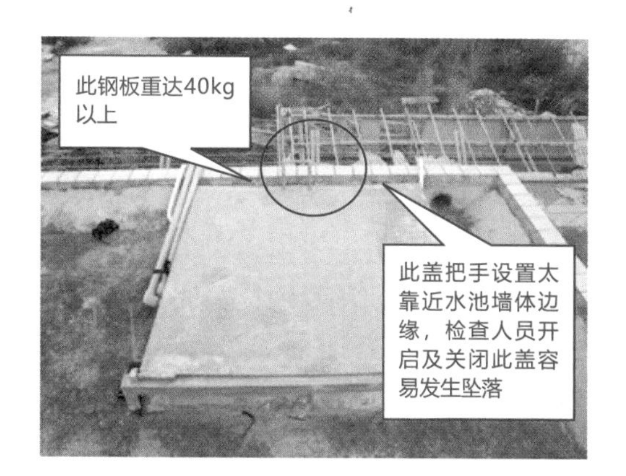

图6-11　消防水池部件缺陷（一）

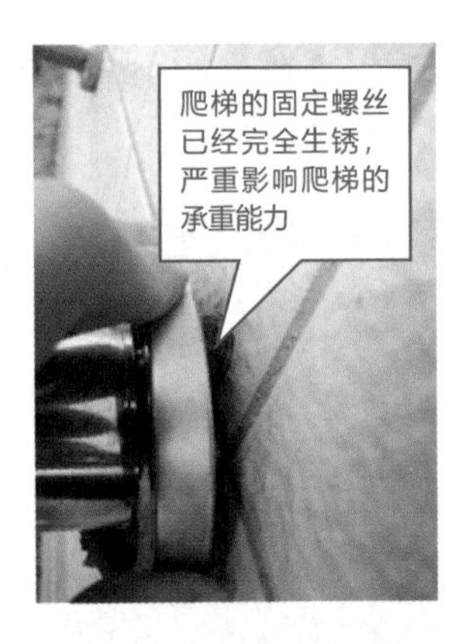

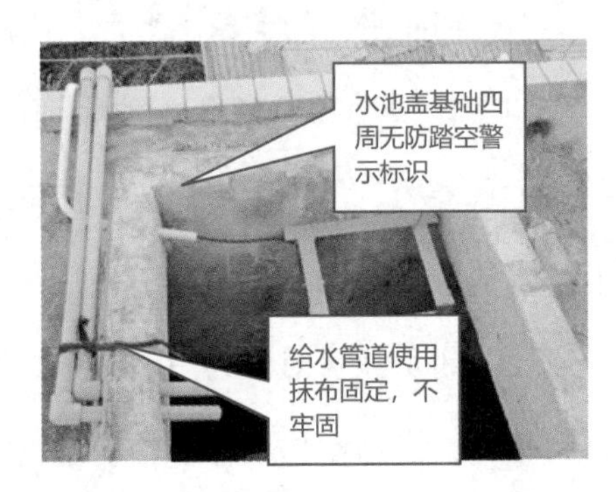

图6-11　消防水池部件缺陷（二）

◎危害分析：严重影响该爬梯的承重能力，危及上下爬梯人员的安全。检查人员开启及关闭水池盖时容易发生坠落，存在安全隐患。

◎整改措施：重新加焊爬梯的墙体固定桩，固定螺丝应采用不锈钢的膨胀螺丝。应将水池盖更换为不锈钢材质，水池盖应由不锈钢槽架（加强其承重能力），在槽架上焊上不锈钢板组成。给水管道应使用专用抱箍固定好。在水池盖基础四周喷涂黄色防踏空警示标识。

4.消防爬梯漏装

◎标准及设计要求：设计图纸要求，消防水池内应装设爬梯。

◎典型错误现象：消防水池内没有装设爬梯，如图6-12所示。

图6-12 消防水池内无爬梯

◎危害分析：人员无法上下水池对消防水池内部进行检查，影响以后对水池的维护。

◎整改措施：按图整改装设爬梯，并保证爬梯安装稳固。

6.4 消防水泵房

1.消防控制柜

◎标准及设计要求：GB 50974-2014《消防给水及消火栓系统技术规范》要求，控制柜体应端正，表面应平整，涂层颜色应均匀一致，应无眩光，且控制柜外表面不应有明显的磕碰伤痕和变形掉漆；控制柜内的电器元件及材料应安装合理，其工作位置应符合产品使用说明书的规定。面板上的按钮、开关、指示灯应易于操作和观察且有功能标识。控制柜导线的颜色应符合现行国家标准GB/T 2681《电工成套装置中的导线颜色》的有关规定。

◎典型错误现象：稳压泵控制箱外壳锈迹斑斑，箱门严重变形，无法关闭。稳压泵控制箱、消防电源箱、消防主泵控制箱箱内布线凌乱，甚至存在裸露线头；箱内的各种电缆（线）未挂电缆牌，且箱内完全没封堵；箱体操作面板上的按钮、把手等无任何标识，如图6–13所示。

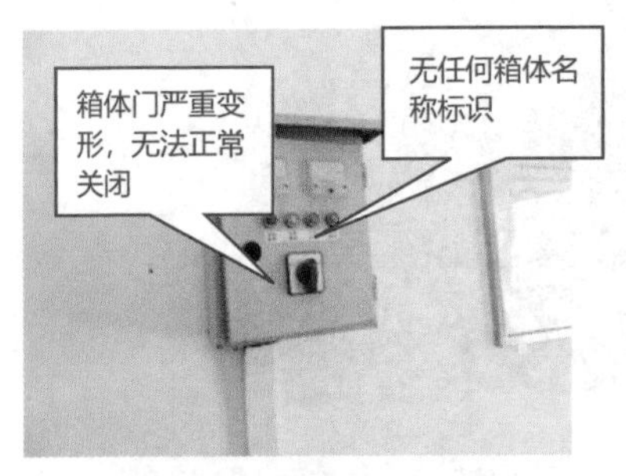

（a）控制箱箱体无标识、箱门变形

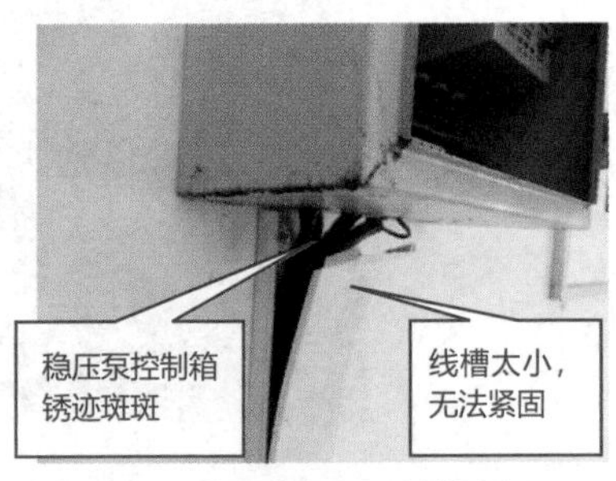

（b）线槽未紧固、箱体生锈

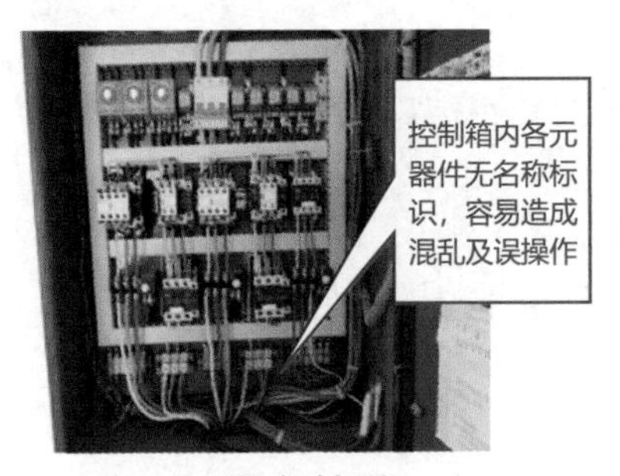

（c）元器件未贴标签

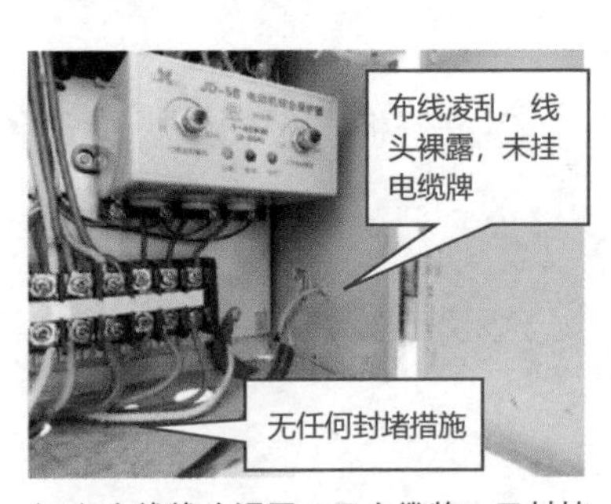

（d）电线线头裸露、无电缆牌、无封堵

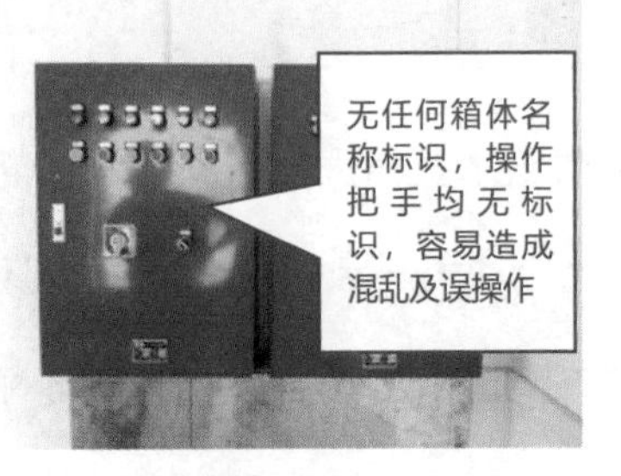

（e）箱体无标示牌、把手无标签

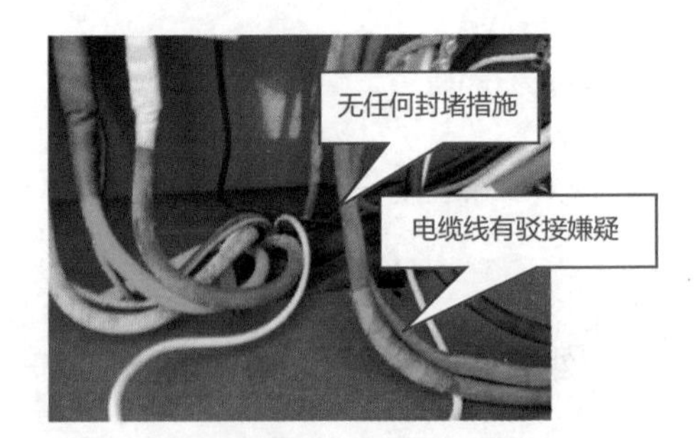

（f）电缆驳接、无封堵

图6–13　消防控制箱的缺陷（一）

（g）电缆未挂电缆牌

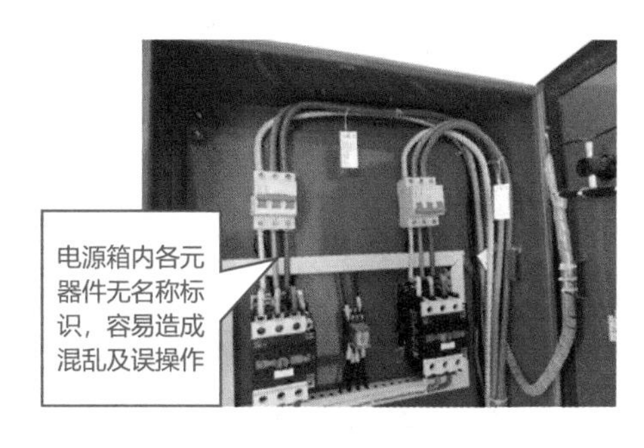

（h）箱内元器件无名称标识

图6-13　消防控制箱的缺陷（二）

◎危害分析：箱内布线凌乱，各元器件无名称标识，容易造成混乱及误操作，这将导致消防控制箱的维护以及检查故障极其困难。消防控制箱有缺陷，有可能导致消防系统不能正常工作。

◎整改措施：重新更换新的稳压泵控制箱。消防泵电源箱、消防泵控制箱、稳压泵控制箱应按要求整齐布线，裸露的线头应用绝缘胶布包扎好。用电缆牌将箱内各种电缆（线）做好标识，并用防火泥将线孔封堵；用相关的标签将操作面板上的按钮、把手、箱体名称做好标注。

2.消防水泵接地

◎标准及设计要求：GB 50974–2014《消防给水及消火栓系统技术规范》要求，消防水泵的性能应满足消防给水系统所需流量计压力的要求；JGJ／T 16–2008《民用建筑电气设计规范》要求，电力设备传动装置外露可导电部分需可靠接地，即消防水泵外壳应可靠接地。

◎典型错误现象：现场发现，消防主泵、稳压泵等只是将扁铁简单的固定在基础的固定螺丝上，未与主地网可靠连接，且扁铁与接地圆钢的焊接长度不够，不符合设计要求。消防水泵内多个法兰存在渗漏现象，严重影响站内消防管道压力的稳压。电动机传动部分没有安装防止伤害的保护罩，如图6–14所示。

（a）消防水泵法兰渗漏

（b）消防水泵接地不符合要求

图6–14　消防水泵安装未按标准要求

◎危害分析：水泵的接地不可靠及电动机保护罩缺失，将影响消防设备的正常运行，法兰渗漏将严重影响站内消防管道压力的稳压，使消防系统无法保持正常水压力。

◎整改措施：按设备接地要求，使用热镀锌圆钢焊接在消防设备上，并做好防锈处理，涂抹黄绿接地标识。

查找水泵法兰面的渗漏原因，消缺处理，必要时更换，确保消防系统各法兰不渗漏。在电动机传动部分加装防止伤害的保护罩。

3.电缆沟尺寸

◎标准及设计要求：设计图纸要求，消防水泵房内电缆沟尺寸为200mm×400mm（宽×深）；电缆沟盖板的设计尺寸为500mm×320mm（长×宽）；电缆沟两侧压顶设计尺寸距离为330mm。

◎典型错误现象：消防水泵房内电缆沟尺寸现场仅为170mm×400mm；电

缆沟盖板现场测量为980mm×272mm（长×宽）；电缆沟两侧压顶现场测量仅为280mm。以上情况均不符合设计要求，如图6-15所示。

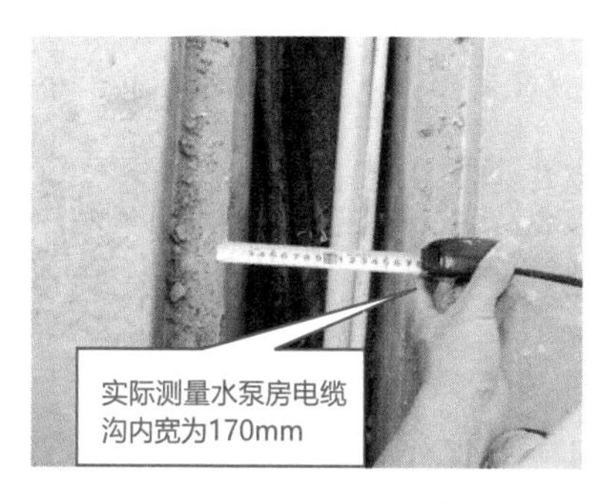

（a）现场电缆沟宽度

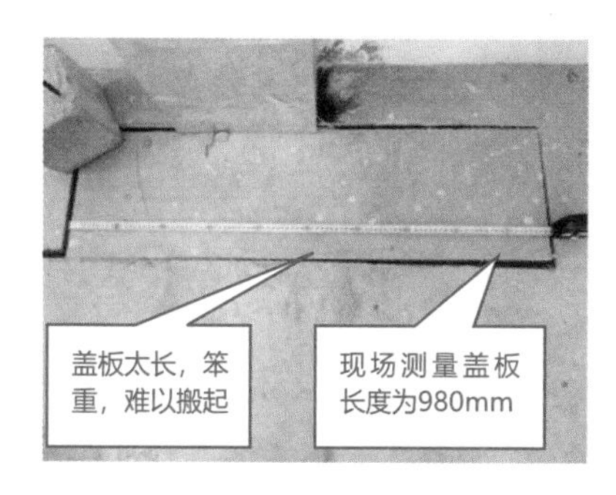

（b）现场电缆沟盖板长度

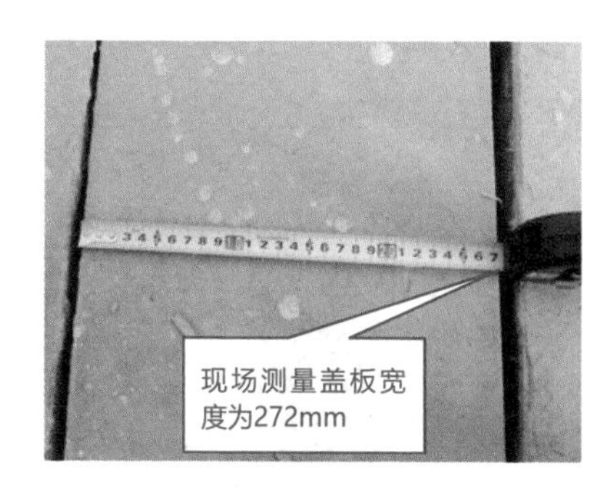

（c）现场电缆沟盖板宽度

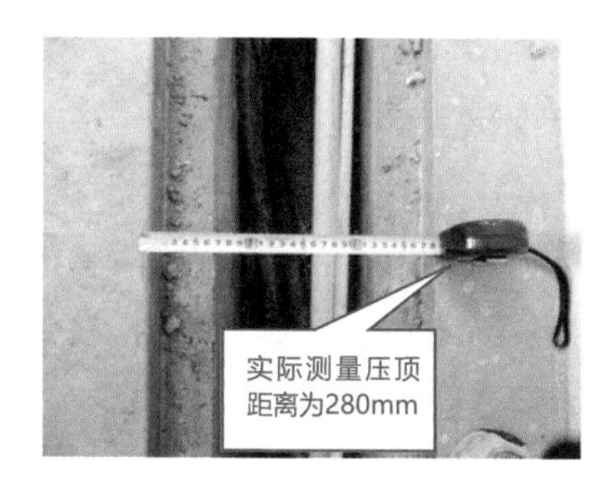

（d）现场电缆沟压顶宽度

图6-15　消防水泵房电缆沟尺寸不符合要求

◎危害分析：电缆沟制作尺寸比设计尺寸要小，那么电缆敷设数量将减少，有可能导致电缆无法正常敷设。盖板尺寸变长，增加运维难度。

◎整改措施：联系施工单位及设计单位到现场核实该电缆沟尺寸是否满足长期的电缆敷设要求，如不满足应按设计要求整改消防水泵房内电缆沟尺寸。

4.电缆沟工艺

◎标准及设计要求：GB 50169-2016《电气装置安装工程接地装置施工及验

收规范》要求，热镀锌钢材焊接时，在焊痕外最小100mm范围内应采取可靠的防腐处理。在做防腐处理前，表面应除锈并去掉焊接处残留的焊药。消防水泵房电缆沟内接地圆钢各焊接点需做防锈处理。

设计图纸要求，对穿管敷设的电缆，应在管头处用防火密封材料进行封堵，形成大于15mm厚的封堵层。该封堵方案也适用于电缆及电缆束穿墙和楼板孔的封堵，电缆束封堵时应在电缆束表面封堵部分包裹膨胀防火带，墙孔封堵时，应封堵墙孔的两端。

◎典型错误现象：消防水泵房电缆沟内信号线未套热镀锌钢管，沟内电缆布线凌乱，杂物多。电缆沟部分沟壁未做好，进出电缆沟处未封堵好，电缆进出水泵房处未挂电缆牌。消防水泵房百叶窗没装设防小动物格栅，小动物容易从此窗爬进泵房内，危及消防设备。消防水泵房天花渗水，天面隔热层砖部分砖块碎裂，如图6-16所示。

（a）电缆沟壁未抹灰

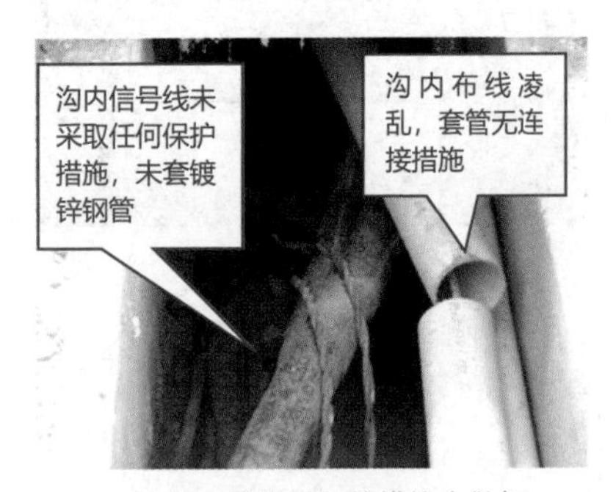

（b）电缆敷设保护措施未做好

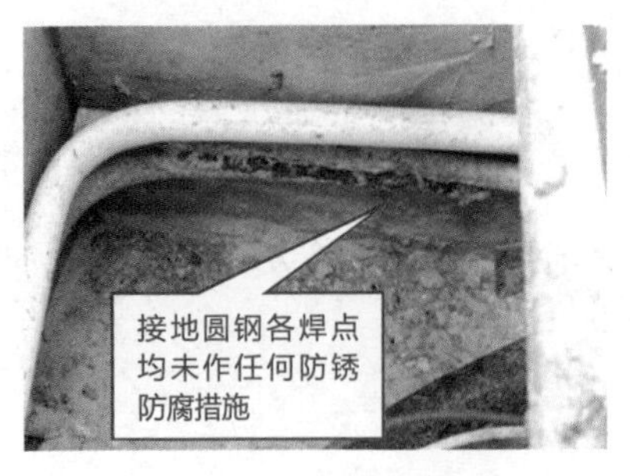

（c）接地焊接处无做防腐

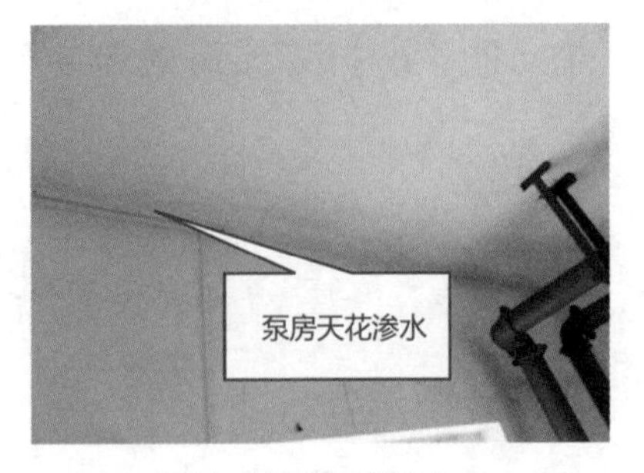

（d）水泵房天花渗水

图6-16　水泵房内设施存在缺陷（一）

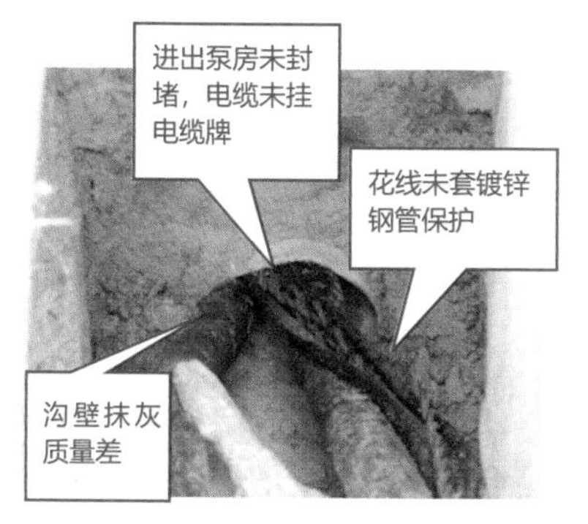

（e）电缆沟抹灰差、未封堵、电缆未挂牌

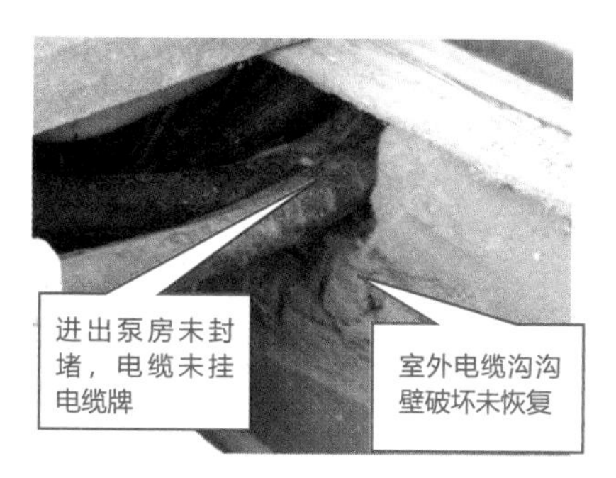

（f）电缆沟沟壁破坏

（g）百叶窗未装格栅

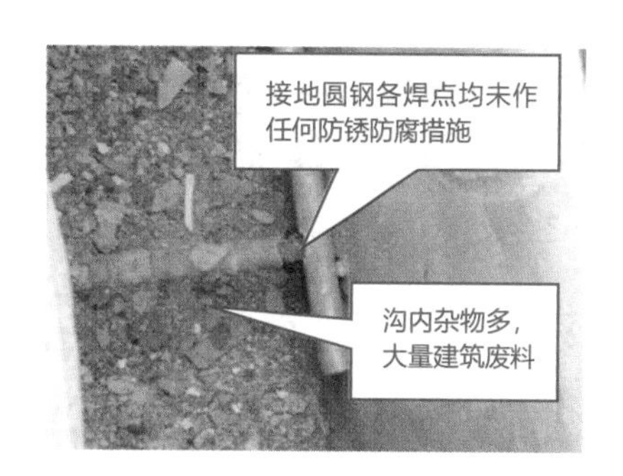

（h）电缆沟内垃圾多、接地未做好防腐

图6-16　水泵房内设施存在缺陷（二）

◎危害分析：消防水泵房天花渗水，将影响水泵房内的设备运行，渗水严重将破坏整体建筑；防小动物措施未做好将导致老鼠等小动物进入室内，破坏消防设备；接地圆钢焊接处未做好防腐，将有可能导致接地线锈蚀严重，影响接地功能。

◎整改措施：沟内多股线套热镀锌钢管，重新布置沟内电缆，悬挂电缆牌。按要求清理电缆沟，并将沟壁抹灰好。沟内接地圆钢去除焊渣及除锈后，焊点处涂抹两遍环氧富锌漆。在消防水泵房内百叶窗处加装防小动物格栅（热镀锌的网或不锈钢网）。在泵房天面查找漏点，补漏，更换隔热层砖。

5.消防水泵基础

◎标准及设计要求：设计图纸要求，1号、2号消防主泵基础设计尺寸为1230mm×800mm（长×宽），消防稳压泵基础设计尺寸为500mm×500mm（长×宽）。

◎典型错误现象：1号、2号消防主泵基础现场实际测量为1280mm×660mm，消防稳压泵基础现场实际测量尺寸为400mm×390mm，与设计不符。水泵四周地板凹凸不平，如图6-17所示。

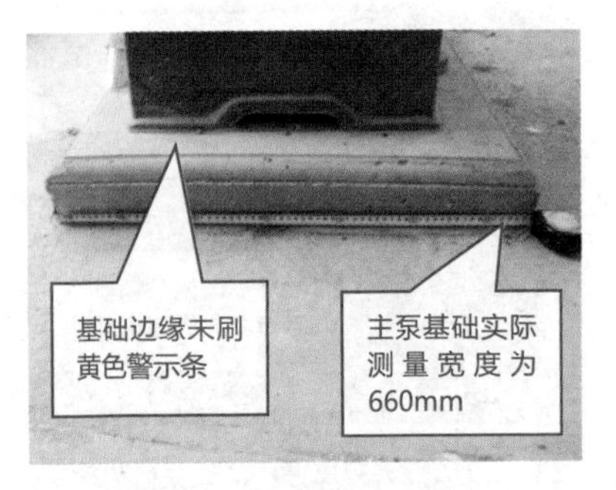

（a）现场主泵基础宽度

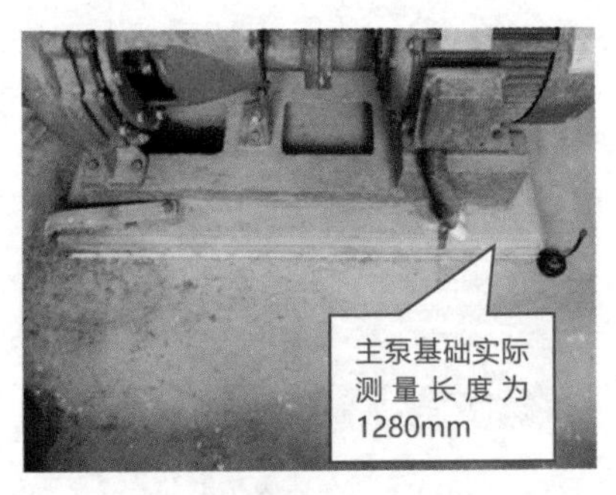

（b）现场主泵基础长度

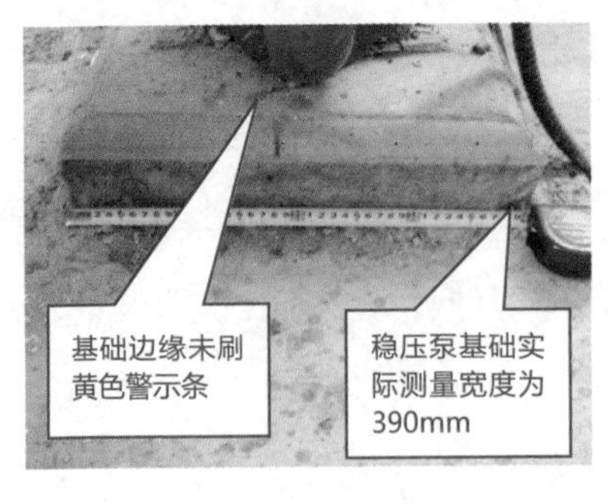

（c）现场稳压泵基础宽度

（d）现场稳压泵基础长度

图6-17　消防主泵、稳压泵基础尺寸不满足要求

◎危害分析：消防主泵基础未按设计要求进行制作，将可能导致基础的强

度及稳固性不足，水泵在日后的长时间运行中可能会有异常。

◎整改措施：按设计要求整改消防主泵基础设计尺寸或对基础进行加固。

6.集水井尺寸

◎标准及设计要求：设计图纸要求，水泵房集水井为（长×宽×高：600mm×400mm×300mm）。

◎典型错误现象：水泵房集水井高为250mm，如图6-18所示。

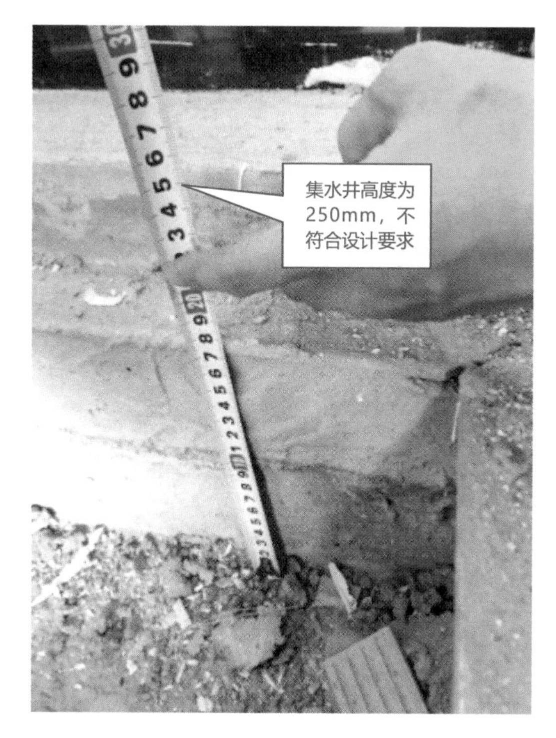

图6-18　水泵房集水井尺寸不符合图纸要求

◎危害分析：消防水泵房内的集水井尺寸小于设计要求，集水井的容积减小，将影响集水井的集水能力。

◎整改措施：按图整改集水井尺寸，保证水泵房集水井的容积满足要求。

7.消防水泵吸水管接头

◎标准及设计要求：GB 50974–2014《消防给水及消火栓系统技术规范》要求，消防水泵的吸水管穿越消防水池时，应采用柔性套管；采用刚性防水套管时应在水泵吸水管上设置柔性接头，且管径不应大于DN150。

◎典型错误现象：1号水喷雾消防水泵进水口处的橡胶减振接头发生变形，减振效果减弱，如图6–19所示。

图6–19　水泵吸水管柔性减振接头变形严重

◎危害分析：消防系统的给水管在正常运行过程中将会发生振动，且消防水泵和消防水池位于独立基础上时，由于沉降不均匀，可能造成消防水泵吸水管承受内应力，最终应力加在消防水泵上，将会造成消防水泵损坏，因此，需使用柔性连接管，起到隔振作用。

◎整改措施：更换此橡胶减振接头。

6.5　消防箱

◎标准及设计要求：GB 50974–2014《消防给水及消火栓系统技术规范》要求，室内消火栓箱的安装应平正、牢固，暗装的消火栓箱不应破坏隔墙的耐火性能。

设计图纸要求，场地消防箱应浇筑650mm×300mm（长×高）、标号为C20的混凝土基座。

◎典型错误现象：检查现场场地消防箱没有混凝土基座，用人力可以将消防箱整个抱起。消防箱箱体与箱脚间为点焊焊接，焊接不良，已出现松脱。消防箱箱体使用点焊焊接而成，内部有较多缝隙。消防箱门栓生锈严重。消防箱门与箱体间的活页使用点焊，焊接不牢固。消防箱厚度只有0.3mm，箱体太薄，无法承重，易被外力所损害，如图6-20所示。

（a）消防箱未安装在基础上

（b）消防箱固定不牢固

（c）未发现消防箱基础

（d）消防箱活页点焊不牢固

图6-20　消防箱安装情况不符合图纸标准要求（一）

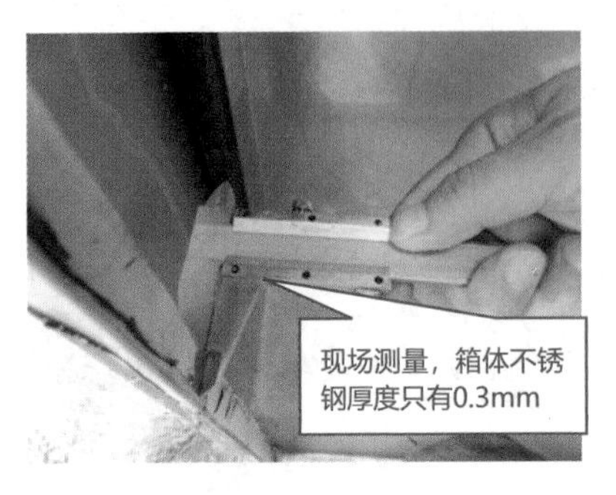

（e）箱体不锈钢厚度不足

（f）门栓及固件生锈

（g）箱体底部不锈钢脱落

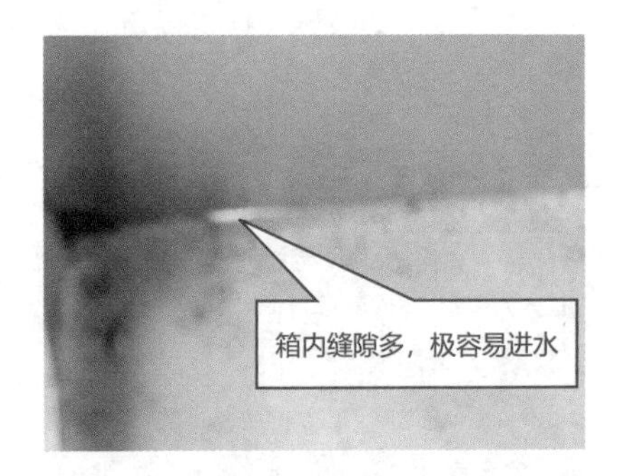

（h）箱内缝隙多

图6-20　消防箱安装情况不符合图纸标准要求（二）

◎危害分析：消防箱未浇筑基础，消防箱将不牢固，容易移位。消火栓箱箱体焊接不良，已出现松脱，易受到破坏。箱体太薄，承重能力下降，易被外力所损害。

◎整改措施：按设计要求安装消防箱。由于消防箱材质只有0.3mm，较薄，且数量不多，建议更换场地消防箱。如不更换，各焊点必须重新加焊，各连接部位必须满焊，使得箱体无缝隙，牢固，确保满足消防规范要求。

第7章

预 防 管 理

7.1 一次设备验收预防管理

1.变压器、电抗器验收注意事项

根据GB 50148–2010《电气装置安装工程 电力变压器、油浸电抗器、互感器施工及验收规范》，电力变压器、电抗器验收注意事项如下。

（1）试运行前应注意事项。变压器、电抗器在试运行前，应进行全面检查，符合运行条件方可投入试运行。检查项目应包含以下内容和要求。

1）本体、冷却装置及所有附件应无缺陷，且不渗油。

2）设备上应无遗留杂物。

3）事故排油设施应完好，消防设施齐全。

4）本体与附件上的所有阀门位置核对正确。

5）变压器本体应两点接地。中性点接地引出后，应有两根接地引线与主接地网的不同干线连接，其规格应满足设计要求。

6）铁心和夹件的接地引出套管、套管的末屏接地应符合产品技术文件的要求；电流互感器备用二次绕组端子应短接接地；套管顶部结构接触及密封应符合产品技术文件的要求。

7）储油柜和充油套管的油位应正常。

8）分接头的位置应符合运行要求，且指示位置正确。

9）变压器的相位及绕组的接线组别应符合并列运行要求。

10）测温装置指示应正确，整定值符合要求。

11）冷却装置应试运行正常，联动正确；强迫油循环的变压器、电抗器应启动全部冷却装置，循环4h以上，并应排空残留空气。

12）变压器、电抗器的全部电气试验应合格；保护装置整定值应符合规定；操作及联动试验应正确。

13）局部放电测量前、后本体绝缘油色谱试验比对结果应合格。

（2）试运行时应注意事项。变压器、电抗器试运行时应按下列规定项目进行检查。

1）中性点接地系统的变压器，在进行冲击合闸时，其中性点必须接地。

2）变压器、电抗器第一次投入时，可全电压冲击合闸。冲击合闸时，变压器宜由高压侧投入；对发电机变压器组结线的变压器，当发电机与变压器间无操作断开点时，可不做全电压冲击合闸，只做零起升压。

3）变压器、电抗器应进行5次空载全电压冲击合闸，应无异常情况；第一次受电后持续时间不应少于10min；全电压冲击合闸时，其励磁涌流不应引起保护装置动作。

4）变压器并列前，应核对相位。

5）带电后，检查本体及附件所有焊缝和连接面，不应有渗油现象。

（3）在验收时，应移交的资料和文件。

1）安装技术记录、器身检查记录、干燥记录、质量检验及评定资料、电气交接试验报告等。

2）施工图纸及设计变更说明文件。

3）制造厂的产品说明书、试验记录、合格证件及安装图纸等技术文件。

4）备品、备件、专用工具及测试仪器清单。

2.六氟化硫断路器验收注意事项

根据GB 50147-2010《电气装置安装工程　高压电器施工及验收规范》要求，六氟化硫断路器验收注意事项如下。

（1）在验收时，应进行下列检查。

1）断路器应固定牢靠，外表应清洁完整；动作性能应符合产品技术文件的要求。

2）螺栓紧固力矩应达到产品技术文件的要求。

3）电气连接应可靠且接触良好。

4）断路器及其操动机构的联动应正常，无卡阻现象；分、合闸指示应正确；辅助开关动作应正确可靠。

5）密度继电器的报警、闭锁值应符合产品技术文件的要求，电气回路传动应正确。

6）六氟化硫气体压力、泄漏率和含水量应符合现行国家标准GB 50150-2006《电气装置安装工程电气设备交接试验标准》及产品技术文件的规定。

7）瓷套应完整无损、清洁。

8）所有柜、箱防雨防潮性能应良好，本体电缆防护应良好。

9）接地应良好，接地标识清楚。

10）交接试验应合格。

11）设备引下线连接应可靠，且不应使设备接线端子承受超过允许的应力。

12）油漆应完整，相色标志应正确。

（2）在验收时，应提交下列技术文件。

1）设计变更的证明文件。

2）制造厂提供的产品说明书、装箱单、试验记录、合格证明文件及安装图纸等技术文件。

3）检验及质量验收资料。

4）试验报告。

5）备品、备件、专用工具及测试仪器清单。

3.母线设备验收注意事项

根据GB 50149-2010《电气装置安装工程　母线装置施工及验收规范》要求，母线设备验收注意事项如下。

（1）在验收时，应进行下列检查。

1）金属构件加工、配制、螺栓连接、焊接等应符合GB 50149-2010《电气装置安装工程母线装置施工及验收规范》规定，并应符合设计和产品技术文件的要求。

2）所有螺栓、垫圈、闭口销、锁紧销、弹簧垫圈、锁紧螺母等应齐全，可靠。

3）母线配制及安装架设应符合设计要求，且连接应正确；螺栓应紧固，接触应可靠；相间及对地电气距离应符合规定。

4）瓷件应完整、清洁，铁件和瓷件胶合处均应完整无损，充油套管应无渗油，油位应正常。

5）油漆应完好，相色应正确，接地应良好。

（2）在验收时，应提交下列资料和文件。

1）设计变更部分的实际施工图。

2）设计变更的证明文件。

3）制造厂提供的产品说明书、试验记录、合格证件、安装图纸等技术文件。

4）安装技术记录。

5）质量验收记录及签证。

6）电气试验记录。

7）备品备件清单。

4.气体绝缘金属封闭开关设备验收注意事项

根据GB 50147-2010《电气装置安装工程　高压电器施工及验收规范》要求，气体绝缘金属封闭开关设备验收注意事项如下。

（1）GIS应安装牢靠、外观清洁，动作性能应符合产品技术文件要求。

（2）螺栓紧固力矩应达到产品技术文件的要求。

（3）电气连接应可靠、接触良好。

（4）GIS中的断路器、隔离开关、接地开关及其操动机构的联动应正常、无卡阻现象；分、合闸指示应正确；辅助开关及电气闭锁应动作正确、可靠。

（5）密度继电器的报警、闭锁值应符合规定，电气回路传动应正确。

（6）六氟化硫气体漏气率和含水量应符合现行国家标准GB 50150-2006《电气装置安装工程电气设备交接试验标准》及产品技术文件的规定。

（7）瓷套应完整无损、表面清洁。

（8）所有柜、箱防雨防潮性能应良好，本体电缆防护应良好。

（9）接地应良好，接地标识应清楚。

（10）交接试验应合格。

（11）带电显示装置指示应正确。

（12）GIS室内通风、报警系统应完好。

（13）油漆应完好，相色标志应正确。

5.真空断路器和高压开关柜验收注意事项

根据GB 50147-2010《电气装置安装工程　高压电器施工及验收规范》要求，真空断路器和高压开关柜验收注意事项如下。

（1）真空断路器应固定牢靠，外观应清洁。

（2）电气连接应可靠，且接触良好。

（3）真空断路器与操动机构联动应正常、无卡阻；分、合闸指示应正确；辅助开关动作应准确、可靠。

（4）并联电阻的电阻值、电容器的电容值，应符合产品技术文件要求。

（5）绝缘部件、瓷件应完好无损。

（6）高压开关柜应具备防止电气误操作的“五防”功能。

（7）手车或抽屉式高压开关柜在推入或拉出时应灵活，机械闭锁应可靠。

（8）高压开关柜所安装的带电显示装置应显示正常、动作正确。

（9）交接试验应合格。

（10）油漆应完整，相色标志应正确，接地应良好，标识应清楚。

6.断路器操动机构验收注意事项

根据GB 50147-2010《电气装置安装工程　高压电器施工及验收规范》要求，断路器的操动机构验收注意事项如下。

（1）操动机构应固定牢靠、外表清洁。

（2）电气连接应可靠且接触良好。

（3）液压系统应无渗漏、油位应正常，空气系统应无漏气，安全阀、减压阀等应动作可靠，压力表应指示正确。

（4）操动机构与断路器的联动应正常、无卡阻现象；开关防跳跃功能应正确、可靠；具有非全相保护功能的动作应正确、可靠；分、合闸指示正确；压力开关、辅助开关动作应准确、可靠。

（5）控制框、分相控制箱、操动机构箱、接线箱等的防雨防潮应良好，电缆管口、孔洞应封堵严密。

（6）交接试验应合格。

（7）油漆应完整，接地应良好，标识应清晰。

7.电缆线路验收注意事项

根据GB 50168-2006《电气装置安装工程　电缆线路施工及验收规范》要求，电缆线路验收注意事项如下。

（1）在工程验收时，应按下列要求进行检查。

1）电缆型号、规格应符合设计规定；排列应整齐，无机械损伤；标志牌应装设齐全、正确、清晰。

2）电缆的固定、弯曲半径、有关距离和单芯电力电缆的金属护层的接线等应符合规定；相序排列应与设备连接相序一致，并符合设计要求。

3）电缆终端、电缆接头及充油电缆的供油系统应固定牢靠，电缆接线端子与所接设备端子应接触良好，互联接地箱和交叉互联箱的连接点应接触良好可靠，充有绝缘剂的电缆终端、电缆接头及充油电缆的供油系统不应有渗漏现象，充油电缆的油压及表计整定值应符合产品技术要求。

4）电缆线路所有应接地的接点应与接地极接触良好，接地电阻值应符合设计要求。

5）电缆终端的相色应正确，电缆支架等的金属部件防腐层应完好。电缆管口封堵应严密。

6）电缆沟内应无杂物，无积水，盖板齐全；隧道内应无杂物，照明、通风、排水等设施应符合设计要求。

7）直埋电缆路径标志应与实际路径相符。路径标志应清晰、牢固。

8）水底电缆线路两岸，禁锚区内的标志和夜间照明装置应符合设计要求。

9）防火措施应符合设计，且施工质量合格。

（2）隐蔽工程验收注意事项。隐蔽工程应在施工过程中进行中间验收，并做好签证。

（3）在电缆线路工程验收时，应提交下列资料和技术文件。

1）电缆线路路径的协议文件。

2）设计变更的证明文件和竣工图资料。

3）直埋电缆线路的敷设位置图比例宜为1:500。地下管线密集的地段不应小于1:100，在管线稀少、地形简单的地段可为1:1000；平行敷设的电缆线路宜合用一张图纸，图上必须标明各线路的相对位置，并有标明地下管线的剖面图。

4）制造厂提供的产品说明书、试验记录、合格证件及安装图纸等技术文件。

5）电缆线路的原始记录。

a.电缆的型号、规格及其实际敷设总长度及分段长度，电缆终端和接头的型式及安装日期。

b.电缆终端和接头中填充的绝缘材料名称、型号。

6）电缆线路的施工记录。

a.隐蔽工程隐蔽前检查记录或签证。

b.电缆敷设记录。

c.质量检验及评定记录。

7）试验记录。

8.隔离开关验收注意事项

根据GB 50147-2010《电气装置安装工程　高压电器施工及验收规范》的要求，隔离开关验收注意事项如下。

（1）操动机构、传动装置、辅助开关及闭锁装置应安装牢固、动作灵活可靠、位置指示正确。

（2）合闸时三相不同期值应符合产品技术文件要求。

（3）相间距离及分闸时触头打开角度和距离应符合产品技术文件要求。

（4）触头接触应紧密良好，接触尺寸应符合产品技术文件要求。

（5）隔离开关分合闸限位应正确。

（6）垂直连杆应无扭曲变形。

（7）螺栓紧固力矩应达到产品技术文件和相关标准要求。

（8）合闸直流电阻测试应符合产品技术文件要求。

（9）交接试验应合格。

（10）隔离开关、接地开关底座及垂直连杆、接地端子及操动机构箱应接地可靠。

（11）油漆应完整、相色标识应正确，设备应清洁。

9.互感器验收注意事项

根据GB 50148-2010《电气装置安装工程　电力变压器、油浸电抗器、互感器施工及验收规范》要求，互感器验收应进行以下检查。

（1）在验收时，应进行下列检查。

1）设备外观应完整无缺损。

2）互感器应无渗漏，油位、气压、密度应符合产品技术文件的要求。

3）保护间隙的距离应符合设计要求。

4）油漆应完整，相色应正确。

5）接地应可靠。

（2）在验收时，应移交下列资料和文件。

1）安装技术记录、质量检验及评定资料、电气交接试验报告等。

2）施工图纸及设计变更说明文件。

3）制造厂产品说明书、试验记录、合格证件及安装图纸等产品技术文件。

4）备品、备件、专用工具及测试仪器清单。

10.避雷器和中性点放电间隙验收注意事项

根据GB 50147–2010《电气装置安装工程　高压电器施工及验收规范》的要求，避雷器和中性点放电间隙验收注意事项如下。

（1）现场制作件应符合设计要求。

（2）避雷器密封应良好，外表应完整无缺损。

（3）避雷器应安装牢固，其垂直度应符合产品技术文件要求，均压环应水平。

（4）放电记数器和在线监测仪密封应良好，绝缘垫及接地应良好、牢固。

（5）中性点放电间隙应固定牢固、间隙距离符合设计要求，接地应可靠。

（6）油漆应完整、相色应正确。

（7）交接试验应合格。

（8）产品有压力检测要求时，压力检测应合格。

11.干式电抗器和阻波器验收注意事项

根据GB 50147–2010《电气装置安装工程　高压电器施工及验收规范》的要求，干式电抗器和阻波器验收注意事项如下。

（1）支柱应完整、无裂纹，线圈应无变形。

（2）线圈外部的绝缘漆应完好。

（3）支柱绝缘子的接地应良好。

（4）各部油漆应完整。

（5）干式空心电抗器的基础内钢筋、底层绝缘子的接地线以及所采用的金属围栏，不应通过自身和接地线构成闭合回路。

（6）干式铁心电抗器的铁心应一点接地。

（7）交接试验应合格。

（8）阻波器内部的电容器和避雷器外观应完整，连接应良好、固定可靠。

12.电容器验收注意事项

根据GB 50147–2010《电气装置安装工程　高压电器施工及验收规范》的要求，电容器验收注意事项事项如下。

（1）电容器组的布置与接线应正确，电容器组的保护回路应完整，检验一次接线同具有极性的二次保护回路关系正确。

（2）三相电容量偏差值应符合设计要求。

（3）外壳应无凹凸或渗油现象，引出线端子连接应牢固，垫圈、螺母应齐全。

（4）熔断器的安装应排列整齐、倾斜角度符合设计、指示器正确；熔体的额定电流应符合设计要求。

（5）放电线圈瓷套应无损伤、相色正确、接线牢固美观；放电回路应完整，接地刀闸操作应灵活。

（6）电容器支架应无明显变形。

（7）电容器外壳及支架的接地应可靠、防腐完好。

（8）支持绝缘子外表清洁，完好无破损。

（9）串联补偿装置平台稳定性应良好，斜拉绝缘子的预拉力应合格，平台上设备连接应正确、可靠。

（10）交接试验应合格。

（11）电容器室内的通风装置应良好。

13.低压电器验收注意事项

根据GB 50254–2014《电气装置安装工程　低压电器施工及验收规范》的要

求，低压电器验收注意事项如下。

（1）验收时，应对下列项目进行检查。

1）电器的型号、规格符合设计要求。

2）电器的外观完好，绝缘器件无裂纹，安装方式符合产品技术文件的要求。

3）电器安装牢固、平整，符合设计及产品技术文件的要求。

4）电器金属外壳、金属安装支架接地可靠。

5）电器的接线端子连接正确、牢固，拧紧力矩值应符合产品技术文件的要求；连接线排列整齐、美观。

6）绝缘电阻值符合产品技术文件的要求。

7）活动部件动作灵活、可靠，联锁传动装置动作正确。

8）标志齐全完好、字迹清晰。

9）对安装的电器应全数进行检查。

（2）通电试运行应符合下列规定。

1）操作时动作应灵活、可靠。

2）电磁器件应无异常响声。

3）接线端子和易接近部件的温升值不应超过规定值。

4）低压断路器接线端子和易接近部件的温升极限值不应超过规定值。

（3）验收时应提交下列资料和文件。

1）设计文件。

2）设计变更和洽商记录文件。

3）制造厂提供的产品说明书、合格证明文件及“CCC”认证证书等技术文件。

4）安装技术记录。

5）各种试验记录。

6）根据合同提供的备品、备件清单。

7.2 二次设备验收预防管理

根据GB 50171–2012《电气装置安装工程 盘、柜及二次回路接线施工及验收规范》规定，二次设备盘、柜及二次回路验收应关注以下注意事项。

1.验收注意事项

在验收时，应按下列规定进行检查。

（1）盘、柜的固定及接地应可靠，盘、柜漆层应完好、清洁整齐、标识规范。

（2）盘、柜内所装电器元件应齐全完好，安装位置应正确，固定应牢固。

（3）所有二次回路接线应正确，连接应可靠，标识应齐全清晰，二次回路的电源回路绝缘应符合GB 50171–2012《电气装置安装工程盘、柜及二次回路接线施工及验收规范》的规定。

（4）手车或抽屉式开关推入或拉出时应灵活，机械闭锁应可靠，照明装置应完好。

（5）用于热带地区的盘、柜应具有防潮、抗霉和耐热性能，应按现行行业标准JB/T 4159–2013《热带电工产品通用技术要求》的有关规定验收合格。

（6）盘、柜孔洞及电缆管应封堵严密，可能结冰的地区还应采取防止电缆管内积水结冰的措施。

（7）备品备件及专用工具等应移交齐全。

2.验收时，应提交的技术文件

（1）变更设计的证明文件。

（2）安装技术记录、设备安装调整试验记录。

（3）质量验收记录。

（4）制造厂提供的产品技术文件。

（5）备品备件及专用工具等清单。

7.3 接地装置验收预防管理

根据GB 50169-2016《电气装置安装工程　接地装置施工及验收规范》的要求，接地装置验收注意事项如下。

1.接地装置验收应符合的规定

（1）应按设计要求施工完毕，接地施工质量应符合规定。

（2）整个接地网外露部分的连接应可靠，接地线规格应正确，防腐层应完好，标识应齐全明显。

（3）避雷针、避雷线、避雷带及避雷网的安装位置及高度应符合设计要求。

（4）供连接临时接地线用的连接板的数量和位置应符合设计要求。

（5）接地阻抗、接地电阻值及其他测试参数应符合设计规定。

2.交接验收时，应提交的资料和文件

（1）符合实际施工的图纸。

（2）设计变更的证明文件。

（3）接地器材、降阻材料及新型接地装置检测报告及质量合格证明。

（4）安装技术记录，其内容应包括隐蔽工程记录。

（5）接地测试记录及报告内容应包括接地电阻测试、接地导通测试等。

7.4　消防系统验收预防管理

根据GB 50974-2014《消防给水及消防栓系统技术规范》的要求，消防系统验收注意事项如下。

1.系统验收时，施工单位应提供的资料

（1）竣工验收申请报告、设计文件、竣工资料。

（2）消防给水及消火栓系统的调试报告。

（3）工程质量事故处理报告。

（4）施工现场质量管理检查记录。

（5）消防给水及消火栓系统施工过程质量管理检查记录。

（6）消防给水及消火栓系统质量控制检查资料。

2.水源的检查验收要求

（1）应检查室外给水管网的进水管管径及供水能力，并应检查高位消防水箱、高位消防水池和消防水池等的有效容积和水位测量装置等应符合设计要求。

（2）当采用地表天然水源作为消防水源时，其水位、水量、水质等应符合设计要求。

（3）应根据有效水文资料检查天然水源枯水期最低水位、常水位和洪水位时，确保消防用水应符合设计要求。

（4）应根据地下水井抽水试验资料，确定常水位、最低水位、出水量和水位测量装置等技术参数和装备，保证其符合设计要求。

（5）检查数量：全数检查。

（6）检查方法：对照设计资料直观检查。

3.消防水泵房的验收要求

消防水泵房的建筑防火要求应符合设计要求和现行国家标准GB 50016–2018《建筑设计防火规范》的有关规定。具体注意事项如下。

（1）消防水泵房设置的应急照明、安全出口应符合设计要求。

（2）消防水泵房的采暖通风、排水和防洪等应符合设计要求。

（3）消防水泵房的设备进出和维修安装空间应满足要求。

（4）消防水泵控制柜的安装位置和防护等级应符合设计要求。

（5）检查数量：全数检查。

（6）检查方法：对照图纸直观检查。

4.消防水泵验收要求

（1）消防水泵运转应平稳，应无不良噪声和振动。

（2）工作泵、备用泵、吸水管、出水管及出水管上的泄压阀、水锤消除设施、止回阀、信号阀等的规格、型号、数量，应符合设计要求；吸水管、出水管上的控制阀应锁定在常开位置，并应有明显标记。

（3）消防水泵应采用自灌式引水方式，并应保证全部有效储水被有效利用。

（4）分别检查系统中的每一个末端试水装置、试水阀和试验消火栓、水流指示器、压力开关、压力开关（管网）、高位消防水箱流量开关等信号的功能，均应符合设计要求。

（5）打开消防水泵出水管上试水阀，当采用主电源启动消防水泵时，消防水泵应启动正常；关掉主电源，主、备电源应能正常切换；备用泵启动和相互切换正常；消防水泵就地和远程启停功能应正常。

（6）消防水泵停泵时，水锤消除设施后的压力不应超过水泵出口设计工作压力的1.4倍。

（7）消防水泵启动控制应置于自动启动挡。

（8）采用固定和移动式流量计和压力表测试消防水泵的性能，水泵性能应满足设计要求。

（9）检查数量：全数检查。

（10）检查方法：直观检查和采用仪表检测。

5.稳压泵验收要求

（1）稳压泵的型号性能等应符合设计要求。

（2）稳压泵的控制应符合设计要求，并应有防止稳压泵频繁启动的技术措施。

（3）稳压泵在1h内的启停次数应符合设计要求，并不宜大于15次/h。

（4）稳压泵供电应正常，自动／手动启停应正常；关掉主电源，主、备电源应能正常切换。

（5）气压水罐的有效容积以及调节容积应符合设计要求，并应满足稳压泵的启停要求。

（6）检查数量：全数检查。

（7）检查方法：直观检查。

6.减压阀验收要求

（1）减压阀的型号、规格、设计压力和设计流量应符合设计要求。

（2）减压阀阀前应有过滤器，过滤器的过滤面积和孔径应符合设计要求和GB 50974–2014《消防给水及消防栓系统技术规范》第8.3.4条第2款的规定。

（3）减压阀阀前阀后动静压力应符合设计要求。

（4）减压阀处应有试验用压力排水管道。

（5）减压阀在小流量、设计流量和设计流量的150%时不应出现噪声明显增加或管道出现喘振。

（6）减压阀的水头损失应小于设计阀后静压和动压差。

（7）检查数量：全数检查。

（8）检查方法：使用压力表、流量计和直观检查。

7.消防水池、高位消防水池和高位消防水箱验收要求

（1）设置位置应符合设计要求。

（2）消防水池、高位消防水池和高位消防水箱的有效容积、水位、报警水位等，应符合设计要求。

（3）进出水管、溢流管、排水管等应符合设计要求，且溢流管应采用间接排水。

（4）管道、阀门和进水浮球阀等应便于检修，人孔和爬梯位置应合理。

（5）消防水池吸水井、吸（出）水管喇叭口等设置位置应符合设计要求。

（6）检查数量：全数检查。

（7）检查方法：直观检查。

8.气压水罐验收要求

（1）气压水罐的有效容积、调节容积和稳压泵启泵次数应符合设计要求。

（2）气压水罐气侧压力应符合设计要求。

（3）检查数量：全数检查。

（4）检查方法：直观检查。

9.干式消火栓系统报警阀组的验收要求

（1）报警阀组的各组件应符合产品标准要求。

（2）打开系统流量压力检测装置放水阀，测试的流量、压力应符合设计要求。

（3）水力警铃的设置位置应正确。测试时，水力警铃喷嘴处压力不应小于0.05MPa，且距水力警铃3m远处警铃声强不应小于70dB。

（4）手动试水阀动作应可靠。

（5）控制阀均应锁定在常开位置。

（6）与空气压缩机或火灾自动报警系统的联锁控制应符合设计要求。

（7）检查数量：全数检查。

（8）检查方法：直观检查。

10.管网验收要求

（1）管道的材质、管径、接头、连接方式及采取的防腐、防冻措施，应符合设计要求，管道标识应符合设计要求。

（2）管网排水坡度及辅助排水设施应符合设计要求。

（3）系统中的试验消火栓、自动排气阀应符合设计要求。

（4）管网不同部位安装的报警阀组、闸阀、止回阀、电磁阀、信号阀、水流指示器、减压孔板、节流管、减压阀、柔性接头、排水管、排气阀、泄压阀等，均应符合设计要求。

（5）干式消火栓系统允许的最大充水时间不应大于5min。

（6）干式消火栓系统报警阀后的管道应设置消火栓和有信号显示的阀门。

（7）检查数量：GB 50974-2014《消防给水及消防栓系统技术规范》中13.2.12管网验收第7款抽查20%，且不应少于5处；第1款~第6款、第8款全数抽查。

（8）检查方法：直观和尺量检查、秒表测量。

11.消火栓验收要求

（1）消火栓的设置场所、位置、规格、型号应符合设计要求和GB 50974-2014《消防给水及消防栓系统技术规范》第7.2节~第7.4节的有关规定。

（2）室内消火栓的安装高度应符合设计要求。

（3）消火栓的设置位置应符合设计要求和GB 50974-2014《消防给水及消防栓系统技术规范》第7章的有关规定，并应符合消防救援和火灾扑救工艺的要求。

（4）消火栓的减压装置和活动部件应灵活可靠，栓后压力应符合设计要求。

（5）检查数量：抽查消火栓数量10%，且总数每个供水分区不应少于10个，合格率应为100%。

（6）检查方法：对照图纸尺量检查。

12.消防水泵接合器数量及进水管位置验收要求

消防水泵接合器数量及进水管位置应符合设计要求，消防水泵接合器应采用消防车车载消防水泵进行充水试验，且供水最不利点的压力、流量应符合设计要求；当有分区供水时应确定消防车的最大供水高度和接力泵的设置位置的合理性。

检查数量：全数检查。

检查方法：使用流量计、压力表和直观检查。

13.消防给水系统流量、压力验收要求

消防给水系统流量、压力的验收，应通过系统流量、压力检测装置和末端试水装置进行放水试验，系统流量、压力和消火栓充水柱等应符合设计要求。

检查数量：全数检查。

检查方法：直观检查。

14.控制柜的验收要求

（1）控制柜的规格、型号、数量应符合设计要求。

（2）控制柜的图纸塑封后应牢固粘贴于柜门内侧。

（3）主、备用电源自动切换装置的设置应符合设计要求。

（4）检查数量：全数检查。

（5）检查方法：直观检查。

15.系统模拟灭火功能试验要求

系统模拟灭火功能试验应符合下列要求。

（1）干式消火栓报警阀动作，水力警铃应鸣响，压力开关动作。

（2）流量开关、低压压力开关和报警阀压力开关等动作，应能自动启动消防水泵及与其联锁的相关设备，并应有反馈信号显示。

（3）消防水泵启动后，应有反馈信号显示。

（4）干式消火栓系统的干式报警阀的加速排气器动作后，应有反馈信号显示。

（5）其他消防联动控制设备启动后，应有反馈信号显示。

（6）检查数量：全数检查。

（7）检查方法：直观检查。